矿山边坡绿色生态环境修复新型植生混凝土技术研究

贾琦飞 苟 翔 聂慧萍 ◎ 著

河海大学出版社
HOHAI UNIVERSITY PRESS
·南京·

内容提要

本书系统开展了矿山边坡绿色生态环境修复新型植生混凝土技术研究。主要内容包括：矿山生态破坏及生态修复模式、矿山边坡生态修复植生混凝土技术、绿色生态植生混凝土材料开发、植生混凝土降碱措施及强度性能研究、植生混凝土抗剪切性能研究、植生混凝土抗崩解及抗冲刷性能研究、植生混凝土的植生特性研究。

本书既可供矿山污染修复及生态修复的工程技术人员、科研人员和管理人员使用，也可供高等学校矿山生态修复相关专业师生学习参考。

图书在版编目（CIP）数据

矿山边坡绿色生态环境修复新型植生混凝土技术研究 / 贾琦飞，苟翔，聂慧萍著. -- 南京：河海大学出版社，2024.12. -- ISBN 978-7-5630-9537-7

Ⅰ. X322.2;U417.1

中国国家版本馆 CIP 数据核字第 2025JE7293 号

书　　名	矿山边坡绿色生态环境修复新型植生混凝土技术研究
书　　号	ISBN 978-7-5630-9537-7
责任编辑	俞　婧
特约校对	滕桂琴
装帧设计	槿容轩
出版发行	河海大学出版社
地　　址	南京市西康路 1 号（邮编：210098）
电　　话	（025）83737852（总编室）　（025）83786678（编辑部） （025）83722833（营销部）
经　　销	江苏省新华发行集团有限公司
排　　版	南京布克文化发展有限公司
印　　刷	广东虎彩云印刷有限公司
开　　本	700 毫米×1000 毫米　1/16
印　　张	9.625
字　　数	180 千字
版　　次	2024 年 12 月第 1 版
印　　次	2024 年 12 月第 1 次印刷
定　　价	68.00 元

前　言

废弃石场的生态恢复是当前矿山地质环境热点领域之一。如何贯彻落实习近平生态文明思想，修复"生态包袱"，让废弃矿山变"绿水青山"，是当前研究的重点和难点。矿山边坡具有坡度陡、表面坚硬、立地条件恶劣、植被破损严重、恢复难度大等特点。植生混凝土生态护坡技术是将工程力学、土壤学、生态学和植物学等学科的部分知识结合后对裸露边坡进行修复的一种生态护坡技术。该技术以水泥为黏结剂，运用植壤土、植物种子、水、添加剂等材料配置多孔类混合料，并使用专用喷播设备将混合料喷射到岩石边坡上，以此为植被提供生长所需要的水分和养分，通过植被良好的生长态势加强边坡的生态防护，从而提高边坡的稳定性能。植生混凝土生态护坡技术可使喷播基材既有一定强度和抗雨水冲刷能力，实现了防护作用，又满足了长期适应植物生长的生态修复要求。

本书结合我国矿山生态修复的研究现状，在借鉴国内外相关研究成果的基础上，开展矿山边坡绿色生态环境修复新型植生混凝土技术研究，实现生态修复和边坡护坡的目的，让"生态化"理念融入矿山生态修复全过程。

全书共分为九章，第一章为概述，第二章为矿山生态破坏及生态修复模式，第三章为矿山边坡生态修复植生混凝土技术，第四章为绿色生态植生混凝土材料开发，第五章为植生混凝土降碱措施及强度性能研究，第六章为植生混凝土抗剪切性能研究，第七章为植生混凝土抗崩解及抗冲刷性能研究，第八章为植生混凝土的植生特性研究，第九章为结论。

本书在写作过程中，得到核工业志诚建设工程有限公司的支持，在此表示诚挚的感谢！

限于著者水平，书中错误之处在所难免，敬请广大读者批评指正。

著者

2024 年 8 月于南昌

目 录

第一章 概述 · 001
1.1 矿山生态修复的重要性 · 002
1.2 矿山生态修复政策演进 · 004
1.2.1 废弃矿山概念 · 004
1.2.2 矿山生态修复相关概念的演变与使用 · 005
1.2.3 我国矿山生态修复制度演进 · 006
1.3 矿山生态修复目标及原则 · 009
1.3.1 矿山生态修复目标 · 009
1.3.2 矿山生态修复原则 · 010
1.4 矿山生态修复理念 · 011
1.4.1 "因地制宜"修复理念 · 012
1.4.2 "边采边治"修复理念 · 012
1.4.3 "基于自然的解决方案"修复理念 · 013
1.4.4 "山水林田湖草沙生命共同体"修复理念 · 013
1.4.5 人工引导型修复理念 · 014

第二章 矿山生态破坏及生态修复模式 · 015
2.1 矿山生态环境破坏模式 · 016
2.1.1 地貌景观破坏 · 016
2.1.2 土壤资源损害 · 017
2.1.3 矿山地质灾害 · 018
2.1.4 水土环境污染 · 019
2.1.5 生物资源破坏 · 020
2.2 矿山生态修复管理 · 020
2.2.1 国外矿山生态修复管理 · 020
2.2.2 国内矿山生态修复管理 · 022

2.3 矿山生态修复技术 ·· 023
  2.3.1 矿山边坡稳定性修复技术 ······················· 023
  2.3.2 露天矿坑回填及沉陷处治技术 ·················· 025
  2.3.3 污染土壤修复技术 ································ 026
  2.3.4 植被复绿修复技术 ································ 027
2.4 矿山生态修复质量要求 ·································· 029
  2.4.1 露天采场生态修复 ································ 029
  2.4.2 工业场地生态修复 ································ 029
  2.4.3 生态修复具体要求 ································ 030
2.5 小结 ··· 032

第三章 矿山边坡生态修复植生混凝土技术 ············ 033

3.1 矿山边坡生态修复研究现状 ··························· 034
  3.1.1 国外研究现状 ····································· 034
  3.1.2 国内研究现状 ····································· 036
3.2 矿山边坡生态修复常见措施 ··························· 037
  3.2.1 覆土绿化技术 ····································· 038
  3.2.2 液压喷播技术 ····································· 039
  3.2.3 钻孔植播技术 ····································· 040
  3.2.4 植被网播技术 ····································· 041
  3.2.5 植物纤维毯技术 ·································· 042
3.3 新型植生混凝土技术特点 ······························ 043
  3.3.1 植生混凝土介绍 ·································· 043
  3.3.2 植生混凝土生态修复技术优点 ················· 044
  3.3.3 植生混凝土的矿山边坡适用性 ················· 045
3.4 植生混凝土技术研究意义 ······························ 046
3.5 小结 ··· 048

第四章 绿色生态植生混凝土材料开发 ··················· 049

4.1 植生混凝土基材 ·· 050
  4.1.1 植生混凝土基材的主要功能 ···················· 050
  4.1.2 植生混凝土基材组分及其功能 ················· 051

4.1.3 植生混凝土基材原材料 ……………………………………… 052
4.2 植生混凝土配合比设计 …………………………………………… 060
　　4.2.1 配合比设计原则 ……………………………………………… 060
　　4.2.2 配合比设计组成 ……………………………………………… 061
4.3 保水剂类型对植生混凝土团聚特性影响 ………………………… 062
　　4.3.1 保水剂类型 …………………………………………………… 062
　　4.3.2 保水剂吸水保水能力 ………………………………………… 063
　　4.3.3 植生混凝土团聚特性 ………………………………………… 066
4.4 植生混凝土肥效演化规律 ………………………………………… 070
　　4.4.1 肥效演化规律概述 …………………………………………… 070
　　4.4.2 养分测定方法 ………………………………………………… 071
　　4.4.3 植生混凝土养分规律 ………………………………………… 072
4.5 小结 ………………………………………………………………… 076

第五章 植生混凝土降碱措施及强度性能研究 …………………………… 077
5.1 碱度来源及降碱方法 ……………………………………………… 078
　　5.1.1 碱度来源 ……………………………………………………… 078
　　5.1.2 降碱方法 ……………………………………………………… 079
5.2 植生混凝土降碱效果评价 ………………………………………… 080
　　5.2.1 降碱原材料 …………………………………………………… 080
　　5.2.2 同一时间降碱材料作用规律 ………………………………… 082
　　5.2.3 降碱材料在不同时间作用规律 ……………………………… 085
5.3 植生混凝土抗压强度 ……………………………………………… 089
　　5.3.1 抗压强度评价方法 …………………………………………… 089
　　5.3.2 抗压强度随龄期变化规律 …………………………………… 089
　　5.3.3 抗压强度随水泥用量变化规律 ……………………………… 091
5.4 小结 ………………………………………………………………… 092

第六章 植生混凝土抗剪性能研究 …………………………………………… 095
6.1 植生混凝土抗剪强度重要性 ……………………………………… 096
6.2 植生混凝土抗剪强度规律 ………………………………………… 097
　　6.2.1 抗剪强度测试方法 …………………………………………… 097

	6.2.2 不同应力水平下的抗剪强度	099
	6.2.3 不同龄期抗剪强度	101
6.3	植生混凝土的黏聚特性和内摩擦角	104
	6.3.1 植生混凝土的黏聚特性	105
	6.3.2 植生混凝土的内摩擦角	107
6.4	小结	108

第七章　植生混凝土抗崩解及抗冲刷性能研究　111

7.1	植生混凝土抗崩解性能	112
	7.1.1 植生混凝土崩解危害	112
	7.1.2 植生混凝土崩解试验	113
	7.1.3 植生混凝土崩解性能	113
	7.1.4 植生混凝土崩解速率	117
7.2	植生混凝土抗冲刷性能	120
	7.2.1 植生混凝土冲刷危害	120
	7.2.2 植生混凝土冲刷方法	121
	7.2.3 植生混凝土冲刷结果	122
7.3	小结	124

第八章　植生混凝土的植生特性研究　125

8.1	草种优选原则	126
8.2	植生试验方法	127
8.3	植生试验结果	128
	8.3.1 植物发芽率	128
	8.3.2 植物高度	131
	8.3.3 根系长度	132
8.4	小结	133

第九章　结论　135

参考文献　139

第一章

概述

1.1 矿山生态修复的重要性

我国在全球矿产资源领域占据着领先地位,既是世界上最大的矿产资源生产国,也是消费国和进口国。截至 2022 年底,全国已发现 173 种矿产。我国的矿产资源总产量约占全球总产量的三分之一,拥有的矿产资源产业规模在全球范围内首屈一指,无论是总产量还是总产值,均居于世界首位。在矿产资源开发方面,我国的年矿石开采总量(原矿量)超过 300 亿吨,这一规模体现了我国矿业开发的巨大能力。在煤炭、钨、锡、锑、钼、金、稀土、磷、钒、钛、铟、锗、镓、石墨等多种矿产资源的产量上,我国已连续多年保持全球领先地位。此外,我国已建立起全球最完整的矿产资源勘查、采选、冶炼、加工和应用产业体系,为我国乃至全球的经济发展提供了有力支撑。

我国矿产资源丰富,矿业成为一直以来的支柱产业之一。随着矿产资源开发的飞速发展,大规模的矿产资源开发也带来了许多生态环境问题(图 1.1),以往"靠山吃山,靠水吃水"的粗放型增长模式为矿产资源与环境的可持续发展埋下诸多隐患。对矿产资源进行持续性、大规模的开发利用过程中产生的大量废渣、废水和废气,对所在区域生态环境造成不同程度的污染和破坏,严重影响了矿区及周围居民的正常生活和社会经济的健康发展。脆弱的生态系统与矿产资源开发的持续性破坏之间的矛盾日益突出。矿产资源的开发和利用会对土地、生态、环境产生不可避免的负面影响。

中国大约有 80 万座矿山,其中约有 40 万座矿山因生态环境破坏而需要修复。根据《中国矿产资源报告(2020)》和《2020 年煤炭行业发展报告》,在建和生产矿山恢复治理面积约占全国新增矿山恢复治理面积的 40%。来自多方面的考察探测数据显示,截至 2021 年底,全国矿山开采占用毁损土地 6 000 多万亩,其中,正在开采的矿山占用毁损土地 2 600 多万亩,历史遗留矿山占用毁损土地 3 000 多万亩。矿山开发对山体和植被的破坏比较严重,野生动物及野生植物的自然栖息地遭到破坏,山体滑坡、洪水灾害和塌陷等事故时有发生。恢复矿山地质环境和生态环境,治理开采造成的污染,使之与周边自然环境相协调,是人们对废弃矿山治理的迫切需求。

国家高度重视矿山地质环境保护工作。2005 年 8 月,习近平总书记在浙江安吉考察时首次提出"绿水青山就是金山银山"的科学论断。2022 年 10 月 30 日,《中华人民共和国黄河保护法》进一步明确了矿山污染防治和生态修复责

图 1.1 矿山生态破坏

任,提出了矿山修复的要求。2023年全国生态环境保护大会上,习近平总书记系统部署了全面推进美丽中国建设的战略任务和重大举措,强调"把建设美丽中国摆在强国建设、民族复兴的突出位置"。他进一步指出,这些年来,破坏生态行为禁而未绝,凸显了生态保护修复离不开强有力的外部监管。加强生态保护修复监管,要在生态保护修复上强化统一监管,这对推动生态环境质量根本好转、实现美丽中国建设目标具有重要意义,需要深刻理解把握、认真贯彻落实。

党的十九大报告将建设生态文明提升为"千年大计"。报告明确指出:"建设生态文明是中华民族永续发展的千年大计。"三十多年的经济持续高速增长,带来了很大的资源环境压力,缓解这一压力非短期之功,需要进行持续不断的努力,而且资源节约和生态环境改善无止境,故升为千年大计。党的二十大报告指出,"中国式现代化是人与自然和谐共生的现代化",明确了我国新时代生态文明建设的战略任务,总基调是推动绿色发展,促进人与自然和谐共生。报告在充分肯定生态文明建设成就的基础上,从统筹产业结构调整、污染治理、生态保护、应对气候变化等多元角度,全面系统阐述了我国持续推动生态文明建设的战略思路与方法,并对未来生态环境保护提出一系列新观点、新要求、新方向和新部署。

当前我国社会主要矛盾已经转化为人民日益增长的美好生活需要和不平衡不充分的发展之间的矛盾。我们努力建设美丽中国,就是为了给人民创造一个良好的生活和工作环境。我们正在建设的现代化是人与自然和谐共生的现代化,在此基础上,我们应该满足人民日益增长的美好生活需要,使得物质财富和精神财富共同充盈。提供高质量、高水平的生态产品,是为了满足人们不断增长的对于建设美丽生态环境的需要。因此,建设绿色矿山、修复矿山生态、再造美丽山河,既是深入贯彻落实习近平生态文明思想,积极践行"绿水青山就是金山银山"的发展理念的重要内容,也是加强生态文明建设、促进人民美好生活,以及建设美丽中国的必然要求。

1.2 矿山生态修复政策演进

1.2.1 废弃矿山概念

废弃矿山通常被称为矿业废弃地,在这些地区,由于矿山开采活动而导致的土地破坏形成了一系列生态问题和安全隐患。这些土地在未经治理之前,无法被有效利用。未经开采的矿山通常被自然植被广泛覆盖,形成一个具备自我修复能力的完整生态系统。然而,在矿山开采过程中,往往需要砍伐大量树木,破坏山体,并产生废土、废料及工业垃圾,这些废弃物需要堆放,占用大面积土地,原本完好的自然景观因此遭到明显的破坏(图1.2)。

图 1.2 废弃矿山

废弃矿山遗留了大量生态问题,其中最为严重的包括露天矿坑的边坡不稳定以及煤矿地下矿井的采空区。边坡和采空区都是废弃矿山采场区域的重要组成部分。一方面,露天矿开采直接作用于山体,使得边坡极为不稳定,可能引发一系列问题,例如坡体塌陷、地面开裂等。这不仅影响周围环境的安全,还可能对人类活动构成威胁。另一方面,煤矿采空区由于地面下沉而产生隐患,特别是在下沉过程中可能会出现塌陷的风险。由于煤矿采空区的体积通常比其他类型矿山的采空区大,因此其隐患也显得尤为严重。

此外，废弃矿山还会引发其他生态问题，包括矿山微气候的变化、大气污染以及滑坡等现象。由于坡体表面的植被被大面积破坏，无法有效保持水土，使得地表更加干燥，导致植物生存条件逐渐恶化，形成恶性循环。为了改善被破坏的生态环境，修复废弃矿山并促进生态环境的可持续发展，必须充分考虑当地原有的生态多样性和生态平衡，同时辅以适当的人为手段，使废弃矿山尽可能恢复到被破坏前的生态系统原生状态。

在进行废弃矿山的生态修复时，首先需要评估该区域的生态现状，了解土壤质量、水源状况及原有植被类型。其次，应采取相应的修复措施，例如植被恢复、土壤改良和水土保持等。通过种植适宜的植物，恢复自然植被覆盖，能够有效防止水土流失，改善矿山微气候，促进生态系统的恢复。最后，结合生态工程技术，如植生混凝土、生态抑尘、边坡稳定等手段，可以有效降低环境风险，提升生态恢复效果。

1.2.2　矿山生态修复相关概念的演变与使用

近年来，"矿山生态修复"这一术语在我国官方文件和学术研究中得到了广泛的应用。自2018年自然资源部成立以来，该术语在国家层面文件中被正式采用。我国的矿山生态修复工作可追溯至20世纪80年代，那时，我国便开始有计划地推进"采煤塌陷地综合治理"，此为原煤炭工业部"六五"科技攻关项目（1983—1986年）的重要组成部分。原国家土地管理局与原国家环保局已对矿区"土地复垦"问题予以高度重视。

自1989年《土地复垦规定》实施以来，"土地复垦"一词已成为矿山生态修复领域的核心术语。2011年，《土地复垦条例》颁布，对土地复垦的定义进行了进一步阐释：指对生产建设活动和自然灾害损毁的土地，采取整治措施，使其达到可供利用状态的活动。此过程非局限于将土地恢复为耕地，而是强调根据实际情况，采取适宜措施，实现土地的可持续利用。然而，由于实际操作中常遵循耕地优先原则，导致公众普遍误认为土地复垦即恢复耕地，这种理解无疑是对土地复垦概念的狭隘化理解。2009年，《矿山地质环境保护规定》的发布，明确了矿山地质环境恢复治理的范围，涵盖矿区地面塌陷、地裂缝、崩塌、滑坡等问题的预防与治理恢复。值得注意的是，为避免职能交叉，土地复垦并未纳入《矿山地质环境保护规定》的适用范围，这在一定程度上加深了外界对土地复垦等同于恢复耕地的误解，而矿区水土污染问题的治理则通常被称为生态修复。

2019年，《矿山地质环境保护规定》的修订，进一步明确了矿山生态修复的范畴,包括因矿产资源勘查开采等活动引发的各类地质环境问题的预防与治理恢复。涉及土地复垦的部分,则遵循国家有关土地复垦的法律法规。目前,矿山生态修复工程已将土地复垦与矿山地质环境恢复治理相结合,但在水土污染治理方面的具体规定尚待明确。在国际上,土地复垦或生态修复常用"Reclamation"、"Rehabilitation"和"Restoration"三个术语表达,尽管词义略有差异,但其核心内涵一致,即通过对受扰动的土地和环境进行恢复治理,使其达到或超越扰动前的状态。

随着时间推移和管理部门的更迭,矿山生态修复相关概念和名词在不同阶段、行政管理部门、研究领域和行业中呈现出多样性,如"土地复垦""矿山地质环境恢复治理""采煤塌陷地治理""土地复垦与生态重建""土地复垦与生态修复""矿山修复"等。这些术语虽表述各异,但其核心要义在于采取具体技术和手段,消除采矿活动的损害,合理发挥土地价值,实现生态功能的恢复。这不仅是对技术层面的挑战,更是对绿色发展理念的深刻理解和实践。在实际操作中,土地复垦与生态修复的协同发展至关重要。土地复垦为生态修复提供了物理和化学条件的改善基础,而生态修复在此基础上,注重生态系统完整性和生物多样性的重建,共同推动矿山地区生态环境的恢复与区域可持续发展。

1.2.3 我国矿山生态修复制度演进

我国矿山生态修复工作起步相对较晚,直至20世纪80年代,这一领域才逐渐形成一定的规模与体系。1988年,国务院针对采矿活动造成的土地破坏,出台了《土地复垦规定》,规定了"谁破坏,谁复垦";使用复垦后的土地用于农、林、牧、渔业生产的可以依照国家规定减免农业税;明确了各级人民政府的相关责任等,标志着我国矿山生态修复工作的正式开展。2003年,国务院发布《地质灾害防治条例》,明确规定"谁引发,谁治理"的原则;规定因工程建设等人为活动引发的地质灾害,由责任单位承担治理责任。依据该法规精神,各地政府相继建立了以采矿为对象的地灾防治保证金制度。

2005年,原国土资源部发布《地质灾害危险性评估单位资质管理办法》,旨在加强地质灾害危险性评估单位资质管理,规范地质灾害危险性评估市场秩序,保证地质灾害危险性评估质量。其中,规定了从事地质灾害危险性评估的单位资质等级和业务范围,并明确相关单位只有取得相应的资质证书后,方可在资质证书许可范围内承担地质灾害危险性评估业务。

2006年,原国土资源部、国家发改委等七部委(局)共同发布《关于加强生产建设项目土地复垦管理工作的通知》,开始从规划、标准、监管和复垦方案等方面加强土地复垦的管理。

2009年,原国土资源部发布《矿山地质环境保护规定》,明确"坚持预防为主、防治结合,谁开发谁保护、谁破坏谁治理、谁投资谁受益";"开采矿产资源造成矿山地质环境破坏的,由采矿权人负责治理恢复,治理恢复费用列入生产成本";"采矿权人应当依照国家有关规定,计提矿山地质环境治理恢复基金"。

2011年,国务院在借鉴国际先进经验的基础上,颁布了更为详细严格的《土地复垦条例》,引入土地复垦方案与保证金缴纳等强制性措施,开始推行实施工矿废弃地复垦利用试点项目;对生产建设矿山开始实行土地复垦方案和矿山地质环境保护与恢复治理方案分别编报制度;要求有关企业缴纳土地复垦费。

2012年,原国土资源部发布《土地复垦条例实施办法》,进一步细化和落实国务院《土地复垦条例》的有关规定,加快推进土地复垦工作。

2013年,原环境保护部发布《矿山生态环境保护与恢复治理技术规范(试行)》,对矿产资源开发过程中的生态环境保护与修复提出了具体规定和技术要求。

2016年,原国土资源部、工业和信息化部、财政部、原环境保护部、国家能源局联合发布《关于加强矿山地质环境恢复和综合治理的指导意见》,明确矿山地质环境是生态环境的重要组成部分,着力完善开发补偿保护经济机制;坚决贯彻节约资源和保护环境的基本国策;推进废弃矿山的山、水、田、林、湖综合治理,宜农则农、宜林则林、宜园则园、宜水则水,尽快恢复矿区的青山绿水;探索将矿山地质环境恢复和综合治理与地产开发、旅游、养老疗养、养殖、种植等产业的融合发展;加大对贫困地区矿山地质环境恢复和综合治理的支持力度,助力精准扶贫;加大财政资金投入;鼓励社会资金参与;大力探索构建"政府主导、政策扶持、社会参与、开发式治理、市场化运作"的矿山地质环境恢复和综合治理新模式。

2017年,财政部、原国土资源部、原环境保护部三部委下发《关于取消矿山地质环境治理恢复保证金 建立矿山地质环境治理恢复基金的指导意见》,规定矿山企业不再新设保证金专户,转而通过建立基金的方式,筹集治理恢复资金;进一步明确落实企业矿山地质环境治理恢复责任,由矿山企业综合开采条件、开采矿种、开采方式、开采规模、开采年限、地区开支水平等因素,编制矿山地质环境保护与土地复垦方案;落实企业监测主体责任,根据矿山地质环境保护与土地复垦方案和动态监测情况,督查企业边生产、边治理,对其在矿产资源勘查、开采活动中造成的矿山地质环境问题进行治理修复。

2019年,原国土资源部修订《矿山地质环境保护规定》,指导思想是矿区土地复垦和矿山地质环境治理两项内容开始统筹管理;落实地质灾害恢复治理方案和土地复垦方案的合并,切实为矿山企业减轻负担。

2019年,中央发布《关于统筹推进自然资源资产产权制度改革的指导意见》,提出要健全自然资源资产产权体系,明确产权主体,开展统一调查监测评价,加快统一确权登记,强化整体保护,促进资产集约开发利用,健全监管体系,完善产权法律体系等。

2019年,自然资源部出台《自然资源部关于探索利用市场化方式推进矿山生态修复的意见》,我国矿山生态修复工程实施的责任约束和激励机制不断完善。要求推行市场化运作、科学化治理的模式,加快推进矿山生态修复;提出据实核定矿区土地利用现状地类、强化国土空间规划管控和引领、鼓励矿山土地综合修复利用、实行差别化土地供应、盘活矿山存量建设用地、合理利用废弃矿山土石料、加强监督管理等7个方面的具体任务。

2020年6月3日,国家发改委和自然资源部联合发布了《全国重要生态系统保护和修复重大工程总体规划(2021—2035年)》坚持四大原则,分别是:坚持保护优先,自然恢复为主;坚持统筹兼顾,突出重点难点;坚持科学治理,推进综合施策;坚持改革创新,完善建管机制。

2020年6月30日,《国务院办公厅关于印发自然资源领域中央与地方财政事权和支出责任划分改革方案的通知》(国办发〔2020〕19号)发布,确定了中央和地方关于生态保护修复支出责任的划定原则,将对生态安全具有重要保障作用、生态受益范围较广的重点生态保护修复(包括历史遗留矿山生态修复治理等),确认为中央与地方共同财政事权,由中央与地方共同承担支出责任。将生态受益范围地域性较强的其他生态保护修复(包括历史遗留矿山生态修复治理等),确认为地方财政事权,由地方承担支出责任。

2022年1月,工业和信息化部、国家发改委、生态环境部联合发布了《关于促进钢铁工业高质量发展的指导意见》,要求强化国内矿产资源的基础保障能力,推进国内重点矿山资源开发,支持智能矿山、绿色矿山建设,加强铁矿行业规范管理,建立铁矿产能储备和矿产地储备制度。2021年3月,全国人大发布了《中华人民共和国国民经济和社会发展第十四个五年规划和2035年远景目标纲要》,要求加强矿山生态修复。同年,国务院办公厅发布了《国务院办公厅关于鼓励和支持社会资本参与生态保护修复的意见》,针对历史遗留矿山存在的突出生态环境问题,实施地质灾害隐患治理、矿山损毁土地植被恢复、破损生态单元修复等,重建生态系统,合理开展修复后的生态化利用;参与绿色矿山建设,提高矿产资源节约集约利用水平。财政部发布了《关于支持开展历史遗留废弃矿山生态修复示范工程的通知》,要求开展历史遗留废弃矿山生态修复示范工程,突出对国家重大战略的生态支撑,着力提升生态系统质量和碳汇能力。

2023年3月,《自然资源部办公厅关于加强国土空间生态修复项目规范实施和监督管理的通知》发布,从责任落实、问题导向、项目成熟度、政策衔接等方面综合考虑,对项目的前期工作、实施管理、遵守法律法规、实施保障等重点环节提出针对性、规范性要求。同年5月,《自然资源部办公厅关于开展2023年度矿山地质环境保护与土地复垦"双随机、一公开"监督检查工作的通知》发布,加强矿山地质环境保护与土地复垦事中、事后监管,督促矿山企业切实履行矿山地质环境保护与土地复垦义务。

2024年,为深入贯彻党的二十大精神,落实国家"十四五"规划纲要和《中共中央国务院关于全面推进美丽中国建设的意见》等要求,持续推动矿业领域生态文明建设,立足新阶段、聚焦新要求,进一步加强绿色矿山建设,规范指导地方更好开展相关工作,自然资源部联合相关部门印发了《自然资源部 生态环境部 财政部 国家市场监督管理总局 国家金融监督管理总局 中国证券监督管理委员会 国家林业和草原局关于进一步加强绿色矿山建设的通知》,进一步落实党中央、国务院关于矿业领域生态文明建设和绿色低碳发展的要求。

1.3 矿山生态修复目标及原则

1.3.1 矿山生态修复目标

废弃矿山的生态修复治理强调对受损生态系统的恢复,但其首要目标始终是保护自然生态系统的完整性与功能。从政府方针要求和相关法律法规的角度来看,废弃矿山的修复治理必须从源头上遏制环境破坏行为,确保矿山开发活动符合可持续发展的原则。在地质工程方面,要有效缓解矿山环境地质问题与地质环境之间的矛盾,以促进环境的和谐共生。同时,从社会经济的角度考虑,修复治理还需要满足废弃矿山周边居民的生活需求,改善他们的生活质量。长远来看,这些努力应与我国的长期发展战略相结合,推进生态文明建设,符合"绿水青山就是金山银山"的发展理念,树立可持续发展的修复治理目标。具体而言,废弃矿山的生态修复治理应聚焦于以下几个主要目标。

(1) 生态系统的恢复

修复工作的主要目标之一是实现生态系统的全面恢复。这一过程包括恢复土壤质量、提高水体质量以及重建受损植被,旨在逐步恢复生态系统的原始功能,维护其稳定性和生态服务功能。通过采取科学的土壤改良措施和水体治理方法,可以有效提升土壤肥力和水质,确保植被的健康生长。

(2) 保护生物多样性

矿山生态修复特别重视生物多样性保护。通过引入原生植物物种和创造适宜的栖息地,修复工程有助于支持野生动植物的生存和繁衍,从而保护地区生物多样性的丰富性。生物多样性的恢复不仅有助于维持生态平衡,还能增强生态系统的抵御力,提高其应对环境变化的能力。

(3) 追求社会经济的可持续发展

矿山生态修复的另一个重要目标是实现社会经济的可持续发展。通过恢复生态系统的功能,修复工作为当地社会提供了可持续的发展前景,创造了就业机会,并提供了诸如水资源、食品等生态系统服务。这种可持续的发展模式不仅提高了居民的生活水平,还促进了当地经济的多样化和稳定化。

(4) 环境保护的核心目标

环境保护是矿山生态修复的核心目标之一,致力于减轻矿山活动对环境的不利影响,包括水质污染和土壤侵蚀。通过实施有效的环境保护措施,修复工作能够有效控制废弃矿山对周边环境的负面影响,促进生态环境的恢复与健康发展。

1.3.2 矿山生态修复原则

为实现这些目标,生态修复工作必须严格遵循一系列重要原则。

(1) 整体性原则

整体性原则强调在修复过程中必须全面考虑生态系统的整体性,确保各个组成部分之间的协调与平衡。这一原则要求在制定修复方案时,综合考虑生态系统的结构、功能、演替过程以及与其他系统的相互关系。通过这种全面的视角,识别和解决潜在的生态问题,避免片面追求单一目标的修复效果。如在修复一个被破坏的矿山生态系统时,考虑到土壤质量、水源、植被种类及其与动物栖息地的关系,可以更有效地推动生态系统的复苏与稳定。

(2)自然性原则

自然性原则主张尽可能利用自然过程和力量来实现生态修复的目标。这一原则强调在修复过程中应尊重自然规律,充分利用生态系统的自我修复能力,减少人为干预对生态系统的负面影响。例如,在进行植被恢复时,优先选择乡土树种进行种植,可以提高植被的适应性和稳定性,同时促进当地生态环境的恢复。乡土植物通常与当地土壤和气候条件相适应,能够更快地扎根并生长,从而增强生态系统的整体健康。

(3)可行性原则

可行性原则要求在制定修复方案时,充分考虑技术、经济和社会等方面的可行性。这意味着需要根据实际情况选择切实可行的修复技术和方法,确保修复工作的顺利实施并取得预期效果。在制定修复策略时,应进行科学评估,考虑资源的可用性、技术的成熟度及社会的接受度,以保证修复工作能够在实际操作中得以落实并产生积极效果。

(4)经济性原则

经济性原则强调在满足修复目标的前提下,尽可能降低修复成本,提高修复效益。这要求在修复过程中合理利用资源,优化修复方案,以提升修复效率,最终实现经济效益与生态效益的双赢。在选择修复材料和技术时,应考虑成本与效果的平衡,通过多种方案的对比分析,选择最具成本效益的修复措施,从而确保项目的可持续性。

(5)持续性原则

持续性原则要求在进行生态修复时,必须考虑到生态系统的长期稳定和可持续发展。这需要采取可持续的修复措施和方法,以确保修复后的生态系统能够长期保持健康、稳定和可持续的发展状态。这包括定期监测和评估修复效果,及时调整管理策略,以应对可能出现的环境变化和生态挑战。确保生态系统的可持续性,不仅能修复当前的生态问题,还能为未来的生态安全奠定坚实的基础。

1.4 矿山生态修复理念

矿山生态修复的宗旨在于补偿矿业活动对生态环境造成的负面影响,恢复生态系统的功能及其内在平衡。在近年的实践中,矿山生态修复的理念已逐步深化,更加重视人与自然生态系统的相互作用与耦合。在尊重自然利益的前提下,充分考虑人类社会的利益需求,着重提升生态系统的服务功能。

1.4.1 "因地制宜"修复理念

生态修复实践中,必须统筹考虑生态环境的保护、景观建设的优化、自然资源的可持续利用,以及生态、经济和社会效益的统一。遵循"宜农则农、宜林则林、宜草则草、宜建则建"的原则,将生态修复治理置于首位,积极推动适宜产业的发展,引导受损区域从传统农业向多元化产业转型,以全面提升采煤损毁地治理的综合效益。这一"因地制宜"的理念强调根据具体地区的特点量身定制适合的修复方案,确保生态修复治理的优先地位,从而最大程度地恢复受损的生态系统,积极发展与当地生态特性相适应的产业,促进可持续发展。

在进行矿山生态修复时,应充分考虑不同地区的特点和需求。在对矿山生态环境进行评估时,首先要全面了解土壤质量、植被状况、水资源情况以及周边生物多样性的基础信息。根据生态功能特点、生态系统特征以及生态环境条件,进行矿山生态修复区划,并针对具体障碍因子制定个性化的修复策略。对于丘陵山区和岩溶石漠化区的矿山,其修复的首要任务是消除矿山地质安全隐患,确保区域的生态安全与稳定;而位于高原山地及海拔较高的矿山,由于适宜生长的动植物种类较少,生态修复的周期往往较长且不易恢复,因此需要更多人为干预措施,以达到预期的生态恢复效果。秉持"因地制宜"的修复理念,可以更有效地应对各类矿山生态修复的挑战,实现生态环境的可持续改善。

1.4.2 "边采边治"修复理念

"边采边治"理念起源于20世纪70年代,由美国学者首次提出,并开始在露天采矿活动中得到广泛应用。该理念的核心思想是在开采矿产资源的同时,进行生态环境的恢复和治理,以实现资源开发与环境保护的双赢局面。早期,英国在露天矿开采中实施边开采边回填的修复技术,逐渐发展为覆土造田的方法。例如,巴特威尔露天矿采用了内部排土法,实施边采边复策略,使覆土层的厚度达到1.3 m,其中0.3 m厚的表层为耕作层,旨在利于植被的恢复与生长。此外,在阿克顿海尔煤矿中,矿井中的煤矸石被直接排放到邻近的露天矿坑中,随后进行覆土复垦,以恢复土地的使用价值。

在靠近河流和川坝地区,采取了一种创新的修复方法:挖掘河坝底部的淤泥作为表层土壤。这种做法具有双重效益:一方面,河坝底部的淤泥富含氮、磷等有机物质,能够为种植的草木提供丰富的养分,促进其生长;另一方面,此举还能增加水库和堤坝的库容量,有效防止河道阻塞,改善水环境。

"边采边治"理念的核心在于将生态修复纳入矿山开采过程的早期阶段,通过优选采矿位置、采矿工艺并及时采取生态保护和修复措施,避免环境问题进一步恶化,并为矿山开采后的生态修复奠定良好的基础。将矿山开采与生态修复同时进行,可以有效控制环境污染,并最大限度地保护和维护生态系统的完整性和稳定性,从而实现可持续的矿业发展。

1.4.3 "基于自然的解决方案"修复理念

"基于自然的解决方案"(Nature-based Solutions,简称为 NbS)是近年来在国际上提出的一种新理念,旨在通过利用自然过程和生态系统的功能来应对社会挑战。世界自然保护联盟将其定义为"采取行动保护、可持续管理和恢复天然或经过改造的生态系统,以有效和适应性地应对社会挑战,同时提供人类福祉和生物多样性利益"。NbS 具有多维性、系统性、综合性、动态性以及管理适应性等特征,这些特征与中国生态文明建设的总体要求高度契合。在矿山生态保护与修复中,NbS 倡导以自然恢复为主、人工干预为辅的方式,充分依赖生态系统的自我调节能力和自组织能力,逐步恢复和重建生态功能,形成自我维持的繁衍生态平衡体系。

NbS 的典型实践案例包括日本大崎市的水稻田与湿地生态修复、厄瓜多尔的森林恢复与可持续管理,以及西班牙巴塞罗那的城市绿色设施与生物多样性规划等。这些实践改变了以往过度依赖人工干预和片面工程技术手段的生态修复方式,将 NbS 引入金属矿山废弃地的生态保护与修复中,按照自然规律和特征进行修复构造,旨在实现碳中和目标和绿色矿山建设。例如,在地貌重塑过程中,如果未能运用基于自然的地貌原理,受损场地的边坡整形可能与当地自然环境不相融合,这不仅会导致后期养护成本的增加,还可能因长期稳定性差而导致严重的水土流失和景观破碎化。因此,基于自然的解决方案为矿山生态修复提供了一种可持续的路径,促进了生态系统的健康发展与社会经济的协调进步。

1.4.4 "山水林田湖草沙生命共同体"修复理念

中共中央、国务院印发的《生态文明体制改革总体方案》明确提出"树立山水林田湖是一个生命共同体的理念"。这一理念强调按照生态系统的整体性、系统性及其内在规律,统筹考虑自然生态各要素、山上山下、地上地下、陆地海洋以及流域上下游,进行整体保护、系统修复、综合治理,增强生态系统循环能力,维护生态平衡。通过这一方法,可以实现各个生态要素之间的协调发展,从而有效地提升生态系统的健康和稳定。党的十八届五中全会进一步提出实施山水林田湖生态保护和修复工程，旨在通过系统化的治理措施，增强生态系统的自我修复能力和稳定性。

在国家"十四五"规划纲要中，明确坚持山水林田湖草系统治理，着力提高生态系统的自我修复能力和稳定性，守住自然生态安全的边界，促进自然生态系统质量整体改善。同时，党的二十大报告进一步指出，坚持山水林田湖草沙一体化保护和系统治理，提升生态系统多样性、稳定性、持续性。特别是以国家重点生态功能区、生态保护红线、自然保护地等为重点，加快实施重要生态系统保护和修复重大工程。这些政策和理念共同构成了我国自然生态系统保护与修复工作的基本框架。

在新时代新征程中，为满足经济社会高质量发展的新需求，回应人民群众对生态环境改善的新期待，必须尊重自然、顺应自然、保护自然，深刻把握生态系统的整体性、系统性及其内在规律。通过坚持山水林田湖草沙一体化保护和系统治理，高质量实施生态系统保护修复工程，可以有效应对生态环境问题，实现经济与生态的和谐共生。同时，继续推进大规模国土绿化行动，加大草原和湿地保护修复力度，加强荒漠化、石漠化和水土流失的综合治理，全面实施森林的可持续经营，确保生态系统的长期健康和稳定，为建设美丽中国奠定坚实的基础。

1.4.5　人工引导型修复理念

人工引导型修复理念是一种新兴的生态修复方法论，强调在生态修复过程中，人类活动应发挥积极的引导和促进作用，而不是单纯依赖自然力量或被动等待自然恢复。这一理念的核心任务是深入掌握采矿扰动与生态恢复机制，明确关键生态阈值和修复标准，从而科学实施干预措施，促使受损生态系统通过自身的主动反馈不断自发地走向恢复和良性循环。人工引导型修复不仅关注生态恢复的结果，更注重修复过程中的科学性和系统性，确保修复措施的有效性和可持续性。

在引导型矿山生态修复中，适度的人工干预是至关重要的。这种干预必须具有针对性、及时性、持久性和有效性，以避免过度修复导致的人力、物力成本和能量消耗。因此，实施人工引导型修复时，需要明确干预的时机、地点、方式以及干预的程度等基础问题，主要内容包括矿山生态问题的诊断、引导修复方向的判定、关键修复对象或区位的确定、合理的修复程度或生态阈值的识别，以及修复技术措施的筛选与实施。这种科学、合理的引导干预，能够有效提升矿山生态修复的效率，促进生态系统的健康恢复，并为未来的可持续发展奠定坚实的基础。

第二章
矿山生态破坏及生态修复模式

本章对矿山生态环境的破坏模式进行了详细分析,探讨了造成生态破坏的主要因素及其影响机制;对矿山生态修复的管理策略进行了归纳,强调了科学管理在修复过程中的重要性;总结了多种矿山生态修复技术的应用,为后续开展矿山生态修复植生混凝土的应用提供了重要的依据和技术参考。

2.1 矿山生态环境破坏模式

矿产资源的开发利用为社会经济发展提供了重要的物质基础和能源保障,与此同时也引发了一系列的环境污染和生态恶化问题,如矿山开发引起地表沉陷、裂缝、滑坡、崩塌等地质灾害,导致绿色植被破坏、地表水体污染等,严重制约了矿业乃至区域经济的可持续发展。如何解决矿产资源开发利用与生态环境保护之间日益突出的矛盾是当前迫切需要解决的问题。目前矿山生态环境破坏模式如下。

2.1.1 地貌景观破坏

在矿产资源开采前,矿山区域普遍拥有丰富的自然资源,包括森林、树林和草地,自然植被覆盖率较高,环境质量良好,具有重要的生态调节功能。然而,矿产资源的开采过程,特别是爆破和挖掘作业,对矿山环境造成了严重破坏。采矿活动分为露天开采和地下开采两种模式。无论采取哪种模式,在开采过程中都会剥离山体表层土壤,造成大面积岩石裸露,地形地貌遭受破坏,形成参差不齐的地表形态,严重影响了矿山环境的整体美观(图2.1)。这种破坏不仅改变了矿山原有的自然景观,而且对生态系统的稳定性产生了不利影响。

图 2.1 地貌景观破坏

2.1.2 土壤资源损害

土壤作为生物生存和活动的基础层,是生态系统的重要组成部分。然而,矿产资源开采活动对矿山地表的土壤层造成了严重损害,侵蚀了矿山环境中原本优良的土地资源,导致土壤资源的持续退化。在矿山开采过程中,表土层被无情剥离,原有的土壤生境遭受破坏,生态平衡受到威胁(图2.2)。采矿作业后,裸露的土壤及其母质在自然力量(如风力、水力和重力)的作用下,极易遭受侵蚀和沉积。这些外力作用导致土壤结构破坏,肥力流失,最终形成严重的土壤侵蚀现象。与自然条件下的土壤侵蚀过程相比,矿山开采所引发的土壤侵蚀速度更快,程度更严重。这种快速的土壤侵蚀不仅加速了土壤退化的进程,而且对矿山区域的生态环境造成了长远的影响。

图 2.2 土壤资源损害

土壤侵蚀的直接后果是土壤肥力的下降和土壤结构的恶化。被剥离的表层土壤富含有机质和养分,是植物生长的关键。一旦失去这层保护,土壤的保水能力、通气性和养分供应能力都会大幅下降。这不仅影响了植物的生长,也降低了土地对水分的涵养能力,进一步加剧了水土流失。此外,矿山开采后的土壤侵蚀还会导致一系列环境问题。裸露的土壤在风力和水力的作用下,容易形成沙尘暴和泥石流,这不仅恶化了区域环境质量,还可能对周边居民的生活安全构成威胁。此外,土壤侵蚀还会导致沉积物在河流和湖泊中堆积,影响水体的自净能力,进而损害水生生态系统。

2.1.3 矿山地质灾害

采矿活动对矿山山体造成了严重破坏,导致边坡结构稳定性受损,从而引发了多种地质灾害风险。这些风险包括边坡变形、山体坍塌、地面塌陷以及滑坡和泥石流等,对矿区周边居民的生活安全构成了严重威胁。采矿活动结束后,矿山边坡的稳定性常常失衡。由于采矿过程中对山体的爆破和挖掘,边坡的支撑结构受到破坏,从而导致山体滑坡、泥石流和坍塌等灾害的发生。这些灾害不仅会破坏地形地貌,还可能造成人员伤亡和财产损失。采矿活动产生的废弃物如果堆积不当,也会引发地质灾害。矿山废弃物通常包括尾矿、废石和废渣等,这些物质如果未经妥善处理和堆积,在雨水浸泡和外力作用下,极易发生滑坡和泥石流。这些流动的废弃物会冲毁农田、堵塞河道,对居民区造成灾难性后果(图2.3~图2.5)。

图2.3 矿山滑坡灾害

图2.4 矿山滑坡泥石流

图 2.5　废弃矿山坍塌

2.1.4　水土环境污染

矿山水土环境污染是采矿活动引发的主要环境地质问题之一。我国矿山数量众多，水土污染比较普遍，尤以金属矿山最为严重，大多数金属矿山废弃物中普遍含有硫化物。这些硫化物在正常环境下容易与空气和水发生化学反应，生成酸性废水，对水资源环境造成了极大的污染威胁。在降雨过程中，这些酸性废水会随着地表径流渗入周围的土壤，导致土壤 pH 下降，肥力减少，使得植物难以在该土壤中生长，从而对生态环境造成长期影响。同时采矿过程中强制性疏干排水以及采空区上部塌陷开裂使上覆地下水漏失，严重影响和破坏了区域地下水系统，导致地下水位下降、泉流量减少甚至干枯（图 2.6），造成矿区及周边区域地下水资源破坏。

图 2.6　矿区水土流失严重

2.1.5　生物资源破坏

矿产资源开采对环境的破坏是多方面的,尤其是在植物、动物和微生物资源方面的影响尤为显著。在开采活动开始之前,通常会清除原有的植被,而在开采过程中,又会继续破坏地表植被,导致植物的数量和种类迅速减少(图2.7)。这种破坏不仅影响了植物群落的结构和功能,还引发了动物栖息地的丧失。随着植物群落的减少,动物失去了食物来源和栖息地,不得不迁徙他处,这直接导致矿山废弃地区生物多样性的降低。采矿活动本身对动物也产生了直接的负面影响,如噪声、振动和化学物质的排放等,这些都对动物的生存构成了威胁。

图 2.7　植被破坏

2.2　矿山生态修复管理

2.2.1　国外矿山生态修复管理

自 18 世纪以来,矿产资源成为人类生存和发展的重要基础。其不仅关系到全球工业的稳定发展,还对社会各个方面的进步起着至关重要的作用。矿产资源是人们生产和生活所需的主要能源来源之一。在全球范围内,矿产资源前三位的国家分别是美国、俄罗斯、中国。根据 2014—2022 年的数据,全球矿产资源的价格虽然经历了一些下滑,但整体趋势仍然是上涨,尤其是在 2021 年,煤炭等矿产资源的价格大幅攀升。新冠疫情后,矿产资源需求的急剧增长受到多重因素的推动,包括恶劣气候、地区冲突以及多种能源的互补与联合等。这些因素共同导致全球矿产品价格自 2021 年以来急剧上升。对矿产资源需求的增加，必然导致矿山开采活动的增多。在追求经济发展的同时，为了保护环境，实现可持续发展，进行矿山生态修复的重要性愈加凸显。因此，开展有效的矿山生态修复，不仅是保护生态环境的必要措施，也是实现可持续发展的重要途径。

20 世纪初期，西方发达国家便开始重视矿山生态修复工程的管理，并逐步建立起相对完善的矿山生态修复项目管理体系。经过几十年的发展，矿山生态修复在矿业开采中的地位日益凸显，已经成为不可或缺的一环。矿山生态修复已发展成为矿业开采后的标准流程，并伴随着严格的管理制度。许多国家还设立了专门的研究机构，负责矿山生态修复的研究与项目实施，确保在开采过程中能够有效恢复受损的自然生态，维持矿区生态环境的健康。例如，美国、澳大利亚和德国等国家的废弃矿山土地复垦率已超过 80%。

在国际范围内，矿山生态修复通常与土地复垦相结合，各国在实践中形成了各具特色的方法。美国针对矿山生态修复制定了与采矿活动相关的土地复垦法规，其中 1977 年颁布的《露天采矿管理与恢复（复垦）法》成为美国土地复垦历史上的一个重要里程碑。该法规要求对因工业建设活动而破坏的土地进行尽可能恢复，包括将农业用地和森林用地恢复到原有状态。同时，法规还强调控制水流侵蚀和有害物质沉积，保持地表和地下水位不变，并注意防治有害物质。在处理固体废物如矸石时，需保持表层土壤的原位，以防止崩塌和土壤侵蚀。

澳大利亚作为一个以采矿为主要经济活动的国家，拥有尖端的采矿技术，包括矿山开采前期技术和开采后的废弃物处理技术。这些技术的广泛应用为澳大利亚的采矿行业奠定了坚实的基础。在澳大利亚，矿山开采后的生态修复工作至关重要，已成为矿产开采过程中不可分割的一部分。在实践中，澳大利亚采取了多种方式相结合的联动治理策略，有效恢复了土地、生活用地、大气环境和森林生态。这种联动治理模式解决了传统独立治理模式所面临的问题，依托高科技的指导和支持，结合地质、矿冶、地形、物理、化学、环境、生态学、农学和经济学等多个学科，为矿山复垦提供了技术和理论指导。卫星遥感技术为恢复项目提供了基础参数，并帮助确定每个地点的位置。计算机技术则用于优化矿山复垦场地的地形和地貌，以选择最小的工程量和最佳的经济投入产出比。此外，利用各种先进设备对生态修复过程进行监测。

德国高度重视环境保护，对国内领土的保护和治理有着强烈的责任感，始终将为人民创造良好的生产生活环境作为重要任务。在采矿过程中，矿山企业非常重视减少对环境的影响，努力将环境破坏降至最低。矿山的修复工作不仅仅是简单的植树或土地平整,而是综合考虑全球生态变化和社会大众对环境的需求。经过长期努力,矿山修复工作取得了显著成果,矿区内部及周边的森林、牧场和游览区呈现出勃勃生机,无论是城市还是农村,均呈现出一片绿意盎然的景象,体现了环境的高品质。

日本的明石海峡公园曾是一个大型采石场和采砂场。20 世纪 80 年代,该地区成立了一个生态专家委员会,致力于植被恢复。该委员会致力于恢复自然条件,形成优美的景观,并创造服务于民众的休闲空间,自 1994 年以来,已运用科学的种植方法成功种植了 24 万株树苗,如在岩石床上固定三维蜂窝状金属网、铺设新土和使用草帘节约用水等。如今,明石海峡公园已成为区域服务中心,拥有国际会议中心、星级酒店、大型温室和户外剧院等现代化设施,成为人们休闲和娱乐的理想场所。

2.2.2　国内矿山生态修复管理

自 20 世纪以来,随着我国经济的迅猛发展,社会和国民经济呈现出持续上升的态势。伴随着经济增长,我国矿产资源的产量与消费量也显著上升。目前,我国的矿产资源消费结构表现出多方面的相互协作与促进,构建了一个多层次、全方位的综合发展格局。长期以来,电力、冶金、化工和建材等四大耗能产业对矿产资源的消费量约占全国总消费量的 70%。2014—2022 年,我国矿产资源消费量虽然存在局部波动,但整体趋势仍然向上。我国矿产资源的开发与利用在国民经济中扮演着重要角色,然而,随着矿产资源开发活动的增加,生态环境问题也日益突出,亟须采取有效措施进行生态修复。

我国在矿山开采后生态修复方面的研究起步较晚。由于早期对生态修复重要性的认识不足,我国在经历了长时间的探索之后,才开始着手开展矿山开采后的生态修复工作。20 世纪 60 年代,我国开始对矿山开采后的生态修复进行初步探索,并开展了一些简单的修复工作。这些早期的修复措施主要集中在废石场或尾矿库的土壤覆盖等简单处理,如土地平整和生活环境净化。然而,由于当时经济发展速度较慢、社会影响较小以及技术人员的缺乏等因素,直至 20 世纪 80 年代,我国矿山生态修复工作仍处于小规模、表面性的基础修复治理阶段。

目前,我国对废弃矿区的生态修复研究主要结合土地整理的相关资料进行。废弃矿山的开发与改造将依据实际情况,转型为工业用地、耕地、旅游区、仓储基地、养殖场等。我国在矿山生态修复项目管理方面已取得多项成功案例,例如黄山矿山修复工程。该工程制定了一套完善的生态修复管理方案,采用系统化的方法进行恢复治理,不仅恢复了黄山秀丽的自然风光,使废弃矿山重获生机,还将徽州文化融入自然景观,起到了画龙点睛的效果。此外,南京汤山矿坑国家公园的边坡整治和修井工程,则巧妙地将自然生态环境的恢复与城市休闲功能相结合,通过人工山瀑的形式修复受损山体,与新建的南京汤山矿坑国家公园的旅游度假功能相得益彰。辽宁阜新百年国际赛道城则利用现有地形和废弃矿山,致力于打造一个地形复杂、赛道多样、赛事类型全面的"中国阜新百年国际赛道城",探索矿山生态修复与资源综合利用的新路径。

然而,我国的矿山生态修复管理工作仍面临诸多问题。《2017—2021年中国矿山生态修复行业深度调研及投资前景预测报告》的数据显示,在我国众多的矿山中,废弃矿山生态修复的比例仅为个位数。而在许多发达国家,废弃矿山的修复比例已超过一半,这一对比清晰地显示出我国在此领域与国外的明显差距,表明我国矿山生态修复工作还有很长的路要走。

当前,我国矿山生态修复存在的具体问题包括环境治理和生态修复的范围有限,外部环境治理和矿山生态修复的重视程度不足等。此外,矿山环境治理和生态修复缺乏全面系统的规划,存在许多亟待改进之处。例如,矿业公司在占用土地时,对于植被的权责并不明确,造成了生态环境的严重破坏。同时,治理矿区环境和修复生态的资金筹措机制也与当前实际情况不符。尽管专项基金具有独特的资金来源,但涉及矿产资源的费用类别和管理部门繁多,费用使用方向往往不明确。地方政府的投资积极性也普遍不高,导致自然资源保护意识淡薄、投资意愿不足。这些问题亟待引起重视并加以解决,以促进矿山生态修复工作的有效开展。

2.3 矿山生态修复技术

2.3.1 矿山边坡稳定性修复技术

矿山边坡稳定性修复技术是一项综合性的工程,旨在针对矿山开采过程中形成的边坡进行稳定性增强和生态修复。这一技术涵盖多个方面,包括:边坡稳定性锚固技术(预应力锚索、锚杆等)用于增强边坡稳定性,防止滑坡和崩塌;抗滑桩技术通过桩体与土体的摩擦力抵抗滑坡力;喷浆支护技术在边坡表面形成防护层,提高稳定性;挡土墙技术是指通过构筑挡土墙,支承填土或山坡土体、防止填土或土体变形失稳的技术。在生态修复技术方面,植被恢复通过植物根系固定土壤,减少水土流失;客土喷播将混合种子、肥料和保水剂的客土喷射到边坡上,促进植物生长;植生混凝土结合了结构强度与植物生长支持;生物工程利用植物与工程措施相结合的方法进行生态修复。此外,排水系统优化包括地表排水和地下排水,以减少水对边坡稳定性的影响。这些技术的选择和应用,必须根据边坡的具体情况、地质条件、环境要求以及经济合理性进行综合评估和设计,以确保矿山边坡的长期稳定和生态环境的持续改善。

(1)边坡稳定性锚固技术

边坡稳定性锚固技术是一种用于提高边坡稳定性的工程技术,主要通过在边坡内部安装锚固件(如锚杆、锚索等)来增强边坡的稳定性,防止滑坡和塌方等地质灾害的发生。

锚杆锚固技术:锚杆是一种长杆状结构,通过钻孔将锚杆插入边坡内部,然后通过灌浆使其与周围岩土体牢固结合。锚杆可以提供抗拉力和抗剪力,从而增强边坡的稳定性。锚杆的长度、直径、布置方式和灌浆材料等都需要根据边坡的地质条件和稳定性要求来确定。

锚索锚固技术:锚索是一种由多股高强度钢丝或钢绞线组成的柔性结构,具有较大的拉伸强度。锚索通常用于大型边坡或需要承受较大拉力的场合。锚索的安装包括钻孔、安装锚索、灌浆和张拉等步骤。

自钻式锚杆技术:自钻式锚杆在钻孔的同时将锚杆安装到位,简化了施工过程。这种技术适用于难以成孔的软弱岩土体或地下水丰富的地区。

预应力锚固技术:预应力锚固技术通过预先对锚杆或锚索施加张力,使其在岩土体中产生预应力,从而提高边坡的稳定性。这种技术可以更有效地控制边坡的变形和位移。

混合锚固技术:混合锚固技术结合了多种锚固方法,如锚杆与锚索结合使用,以适应复杂的地质条件。

(2)抗滑桩技术

抗滑桩是治理滑坡的主要载体,可以通过抗滑桩稳定地表层,利用桩的锚固力来抵抗滑体的推力,其在滑坡治理中应用广泛,具有抗滑能力强、支挡效果好、对滑体扰动小等优势,能够增加滑体的抗滑力,保证滑坡稳定。抗滑桩是一种被动桩,其不能直接承受外部的荷载力,必须通过周边的土木情况受外部挤压变形等情况,将滑动力传递到稳定的土层结构中,使其改善滑动力的滑动状态。其优点较多,布置灵活,施工不影响滑体的稳定性、施工工艺简单、速度快、工效高,可与其他加固措施联合使用、承载能力较大。

(3) 喷浆支护技术

喷浆支护技术是一种广泛应用于矿山边坡稳定的支护方法,该技术通过高速喷射混凝土或类似材料到岩石或土体表面,形成一层坚固的支护层,及时封闭边坡表层的岩石,免受风化、潮解和剥落,并可加固岩石,提高强度,以此来支撑和稳定边坡。但随着时间推移,混凝土表层被风化,喷浆外壳呈脆性,开裂严重,容易形成剥落层,使坡面暴露在空气中,继而导致坡面垮塌、滚落石的发生,混凝土外壳与坡面变形不相协调,容易加剧混凝土外壳剥落破坏,防护长效性差。同时,边坡植物恢复效果极差,经过几十年甚至上百年后,坡面植物都难以恢复,形成永久的工程创伤面。

(4) 挡土墙技术

挡土墙是一种常见的土木工程结构,用于支撑矿山边坡,防止土体或岩体的滑动和坍塌。在矿山开采过程中,由于开挖作业会破坏原有的地形和地质结构,容易导致边坡稳定性问题。挡土墙的设置是确保矿山边坡稳定的重要措施之一。

2.3.2 露天矿坑回填及沉陷处治技术

(1) 露天采矿回填

在完成露天采坑边坡稳定性治理工作之后,为了彻底消除地质灾害的潜在风险,还需对露天采坑实施无害化回填作业。进行露天采坑回填作业的基本前提是确保有充足的可用于回填的物料。回填所用的材料主要包括以下几类:固体充填材料、膏体充填材料、超高水材料以及高浓度胶结充填材料。

(2) 沉陷处治技术

在井工开采过程中,开采沉陷和采空区塌陷是最为突出的地质灾害问题。为预防地面沉陷,关键措施在于优化开采技术,以减缓地表的沉陷变形。具体措施包括但不限于以下几种:充填法、间歇开采法、协调开采法、长壁面开采法。采用这些方法时,要避免设置永久性开采边界,注意保留保护煤柱等。由于对采空区周围地基进行重新加固的成本较高,实际生产中普遍采用的是充填法,即利用充填材料对采空区进行支撑,以维持其稳定性。这些充填材料的选择多样,如厂砂炉渣、砂、尾矿等不同类型。充填开采作为一种资源环境友好的开采方式,无疑是最佳选择。开发新型充填材料仍然是井工开采中顶板控制技术发展的主要趋势。针对已经发生沉陷的区域,治理措施主要采取充填与灌浆相结合的方法,以有序地控制地表的下沉。

2.3.3 污染土壤修复技术

(1) 物理修复技术

物理修复技术是一种利用人工物理手段来干预和修复重金属污染土壤的自然过程,其目的是通过改变土壤的物理特性来降低土壤中的重金属含量。物理修复技术具有技术要求较低、适宜于小面积重金属污染场地、操作性强等特点。该技术主要包括客土法、换土法、深耕翻土法等。客土法主要是为了降低土壤中的重金属污染,方法是在受污染的土壤表层直接覆盖一层新土,或者将重金属污染的土壤与未受污染的土壤进行均匀混合,以降低土壤中重金属的浓度。换土法则是指将受重金属污染的土壤部分或全部移除,并用未受污染的土壤进行替换。在实施客土法或换土法时,所覆盖或替换的土壤厚度应大于土壤耕作层的厚度,以确保修复效果。深耕翻土法主要用于处理重金属污染的土壤,该方法通过深翻土壤,将表层受污染的土壤与下层未受污染或污染较轻的土壤混合,从而降低表层土壤中重金属的浓度,达到修复目的。

(2) 化学修复技术

化学修复技术是一种通过人工手段实施的化学处理过程,旨在改变自然环境中污染物质的化学性质,从而实现环境污染的治理。目前,化学修复技术主要包括以下几种类型:化学淋洗、溶剂提取、还原脱氯、化学氧化、化学还原和化学固化等。

①化学淋洗是通过使用化学溶液(淋洗剂)来清洗受污染土壤或沉积物的技术。淋洗剂能够与土壤中的污染物发生反应,将其从土壤颗粒上解吸下来,随后通过淋洗液的流动将污染物带走。这种方法适用于去除土壤中的重金属、有机污染物等,但需注意淋洗剂的选择,以避免对土壤结构造成破坏。②溶剂提取方法利用溶剂与污染物的溶解性差异,将污染物从土壤或水体中提取出来。溶剂通常是有机溶剂,它们能够溶解某些特定的有机污染物,通过提取、分离和回收溶剂,达到净化土壤或水的目的。溶剂提取效率高,但需妥善处理提取后的溶剂和污染物,以防二次污染。③还原脱氯通过添加还原剂(如铁粉、亚硫酸钠等),将氯代有机物中的氯原子还原成氯离子,从而降低其毒性和生物有效性。这种方法适用于处理特定的有机氯化物污染。④化学氧化是通过向污染土壤或水体中加入氧化剂,将有毒的有机污染物或某些金属离子氧化成无害或毒性较低的物质。常用的氧化剂包括过氧化氢、高锰酸钾、臭氧等。与其他修复技术相比,化学氧化技术具有快速、高效的特点,且对污染物的种类和浓度具有较强的适应

性。⑤与化学氧化相反,化学还原是通过加入还原剂来降低土壤或水体中污染物的毒性。这种方法适用于处理重金属(如铬、汞等)和一些有机污染物。常用的还原剂包括硫代硫酸钠、铁粉等。化学还原技术能够有效地将污染物转化为不活跃或毒性较低的形式,但需注意控制还原条件,以避免污染物的重新活化。⑥化学固化则是向受污染的水体或土壤中添加适宜的固化剂,改变其化学性质,通过沉淀或吸附作用降低重金属离子或其化合物的生物有效性。在污染场地加入固化剂后,重金属离子得以固化,使得离子态重金属的含量迅速下降,防止污染进一步扩散。

(3)生物修复技术

生物修复技术是一种利用生物体的代谢能力来转化或去除环境污染物的技术,主要包括动物修复技术、植物修复技术等。动物修复技术主要指在土壤中引入如蚯蚓等土壤动物,这些动物能够直接分解和转化重金属元素,提高土壤的肥力和其他理化指标,从而促进植物和微生物的快速生长,进一步富集土壤中的重金属元素。相较于物理修复技术和化学修复技术,植物修复技术因其成本低廉和原位修复的特点,越来越受到研究者的关注。植物修复技术在不破坏修复区域的前提下,能够有效地防止水土流失,提高修复区的植被覆盖率。在植物群落稳定后,还能长期维持生态平衡,减少二次污染的风险。然而,植物修复技术的难点在于筛选和培育出对土壤污染物具有高效富集能力的植物种类。这需要通过大量的实验研究,确定植物对特定污染物的耐受性和积累能力,以确保修复效果的最大化。

2.3.4 植被复绿修复技术

完成地貌重塑和土壤改良的基础工作之后,应有序推进植被重建工程。矿区生态系统的自然恢复过程极为缓慢,而植被重建则是人为加速这一正向演替的关键步骤,其目的在于在相对较短的时间内构建起退化生态系统的先锋植物群落。植被重建不仅能够促进矿区土壤肥力的提升、土壤微生物及动物种群的恢复,而且对于整个矿区生态系统结构和功能的重建具有重要作用。

矿区植被重建的核心在于以下两个方面:一是科学选择适宜的植物物种及其配比;二是采取有效的管理与养护技术,以提高植被的成活率。一方面,应根据矿区的具体环境条件,挑选出适应性强的植物种类,以增强植物群落的稳定性和抗逆性。另一方面,矿区植被的管理与养护技术至关重要,包括但不限于以下措施:合理灌溉、科学施肥、病虫害的有效防治等。这些措施的实施,将有助于持续提升矿区植物的成活率和生长速度,从而加速矿区生态系统的恢复进程。

(1) 适宜植物选择

在自然条件下,裸地的生态演替通常经历草本植物阶段、灌木阶段,最终达到乔木阶段。然而,在矿区植被重建过程中,通过人为干预,可以同时引入乔灌草等多层次植物,从而显著缩短植被恢复的时间。植物群落的形成是先锋植物种类侵入、定居及相互竞争的结果,因此,选择合适的先锋植物种类以及构建土壤种子库显得尤为关键。

一方面,应根据矿区的实际土壤理化性质和肥力状况,选择适宜的植物种类。这一过程需综合考虑植被重建区域的气候条件、海拔、坡度、坡向,以及土壤的有机质含量、光照强度和水分状况等环境因素。此外,需详细调查矿区土壤中的主要污染物种类,并据此筛选出对该类污染物具有耐受性的植物种类,以保障植被重建的成效和生态系统的稳定发展。

另一方面,应遵循植被自然演替的规律,考虑植物群落的物种多样性配置,构建乔灌草复合的植物生态群落。鉴于矿区土壤普遍较为贫瘠,在生态修复过程中应选用耐贫瘠、抗逆性强、固土能力突出、能有效改良土壤,并对重金属具有一定耐受能力的植物品种。在适宜的地理条件下,应优先选择乡土植物进行生态修复,以增强植物群落的适应性和稳定性。在选择植物品种时,还应兼顾其经济价值和观赏性,以实现生态效益与经济效益的双赢。运用这样的策略,可以促进矿区生态环境的恢复,同时提升修复区域的整体生态价值。

(2) 植物快速成活技术

矿区土壤的特性,植物种植技术(包括直播、移栽、扦插),苗木的苗龄,以及栽植后的管理,均是影响造林成活率的关键因素。矿区植被恢复的成效,是这些因素相互作用的结果。采用营养袋容器育苗技术进行植被恢复,能够显著提升苗木的成活率。营养袋能够在苗木移栽过程中保护根系,减少损伤,有助于苗木迅速适应新环境。在栽植前,使用生根粉处理根系,可以促进其生长,从而提高苗木的成活率和生长速度。根据不同的植物种类和生长阶段,选择恰当的直播、移栽和扦插技术,对于提高植物成活率至关重要。直播适用于发芽率高、适应性强的植物;移栽适用于幼苗或小灌木;而扦插技术则适用于容易生根的植物种类。选择适宜的苗龄进行栽植也是提高植物成活率的关键,苗龄过小,苗木根系不发达,抗逆性差;苗龄过大,则根系易受损伤。栽植后的苗木管理,包括定期浇水、施肥、除草和病虫害防治等,是确保苗木健康生长的重要环节。

2.4 矿山生态修复质量要求

2.4.1 露天采场生态修复

露天采场生态修复的质量要求参照《矿山生态环境保护与恢复治理技术规范(试行)》(HJ 651—2013)要求,露天采场生态恢复主要是场地整治与覆土、露天采场植被恢复、露天采场恢复与利用。

(1) 场地整治与覆土

露天采场的场地整治和覆土方法根据场地坡度来确定。水平地和15°以下缓坡地可采用物料充填、底板耕松、挖高垫低等方法;15°以上陡坡地可采用挖穴填土、砌筑植生盆(槽)填土、喷混、阶梯整形覆土、安放植物袋、石壁挂笼填土等方法。

(2) 露天采场植被恢复

边坡治理后应保持稳定。非干旱地区露天采场边坡应恢复植被。边坡恢复措施及设计要求应符合《生产建设项目水土保持技术标准》(GB 50433—2018)的相关要求。对位于交通干线两侧、城镇居民区周边、景区景点等可视范围的采石宕口及裸露岩石,应采取挂网喷播、种植藤本植物等工程与生物措施进行恢复,并使恢复后的宕口与周围景观相协调。

(3) 露天采场恢复与利用

平原地区的露天采场应平整、回填后进行生态恢复,并与周边地表景观相协调,位于山区的露天采场可保持平台和边坡。露天采场回填应做到地面平整,充分利用工程前收集的表土和露天采场风化物覆盖于表层,并做好水土保持与防风固沙措施。恢复后的露天采场进行土地资源再利用时,在坡度、土层厚度、稳定性、土壤环境安全性等方面应满足相关用地要求。

2.4.2 工业场地生态修复

工业场地不再使用的厂房、堆料场、沉沙设施、垃圾池、管线等各项建(构)筑物和基础设施应全部拆除,并进行景观和植被恢复。转为商住等其他用途的,应开展污染场地调查、风险评估与修复治理。地下开采的矿山闭矿后应将井口封堵完整,采取遮挡和防护措施,并设立警示牌。

2.4.3 生态修复具体要求

(1) 露天采场(坑)

深度小于 1.0 m 的不积水浅采场,如果在天然状态下或人工修复后可满足地表水、地下水的径流条件,那么经过削高垫洼,可修复成耕地。不积水露天采矿深挖废弃地,含薄覆盖层的深采场、厚覆盖层的浅采场和厚覆盖层的深采场三种,适宜于修复为林地。浅积水露天采场也可进一步深挖、筑塘坝修复为渔业(养殖业)用地;浅积水露天采场若位于城镇附近,可修复为人工水域和公园;积水在 3 m 以上,可修复为渔业(含水产养殖)或人工水域和公园。当露天采场用于建设用地时,应提前进行场地地质环境调查,查明场地内滑坡、崩塌、断层、岩溶等不良地质条件的发育程度,确定地基承载力、变形及稳定性指标。

(2) 取土场

大型取土场生态修复可参照露天采场(坑)执行。对于小型取土场,能够回填恢复的,应参照国家有关环境标准尽量利用废石、垃圾、粉煤灰等废料回填。取土场修复为耕地,表土厚度不低于 50 cm;修复为园地,表土厚度不低于 30 cm;修复为林地、草地,表土厚度不低于 30 cm。

(3) 废石场

新排弃废石应立即进行压实整治,形成面积大、边坡稳定的修复场地。已有风化层,层厚在 10 cm 以上,颗粒细,pH 适中,可进行无覆土修复,直接种植植被。风化层薄,含盐量高或具有酸性污染时,应调节 pH 至适中后,覆土 30 cm 以上。不易风化废石覆土厚度应在 50 cm 以上。具有重金属等污染时,如果修复为农用地,应铺设隔离层,再覆土 50 cm 以上。废石场的配套设施应有合理的道路布置,排水设施应满足场地要求,设计和施工中有控制水土流失措施,特别是控制边坡水土流失措施。

(4) 林地

有效土层厚度大于 20 cm,西部干旱区等生态脆弱区可适当降低标准;确无表土时,可采用无土修复、岩土风化物修复和加速风化等措施。道路等配套设施应满足当地同行业工程建设标准的要求,林地建设应满足《生态公益林建设规划设计通则》(GB/T 18337.2—2001)和《生态公益林建设检查验收规程》(GB/T 18337.4—2008)的要求。3~5 年后,有林地、灌木林地和其他林地郁闭度应分别高于 0.3、0.3 和 0.2,西部干旱区等生态脆弱区可适当降低标准;定植密度满足《造林作业设计规程》(LY/T 1607—2024)的要求。

（5）草地

修复为人工牧草地时地面坡度应小于25°。有效土层厚度大于20 cm，土壤具有较好的肥力，土壤环境质量应符合《土壤环境质量 农用地土壤污染风险管控标准（试行）》（GB 15618—2018）的要求。修复目标：配套设施（灌溉、道路）应满足《灌溉与排水工程设计标准》（GB 50288—2018）等当地同行业工程建设标准要求。3~5年后修复区单位面积产量，达到周边地区同土地利用类型中等产量水平。

（6）人工水域与公园

露采场、沉陷地等损毁土地用作人工湖、公园、水域观赏区时应与区域自然环境协调，有景观效果，水质符合《地表水环境质量标准》（GB 3838—2002）中Ⅳ、Ⅴ类水域标准。排水、防洪等设施满足当地标准，沿水域布置树草种植区，控制水土流失。

（7）建设用地

建设用地场地地基承载力、变性指标和稳性指标应满足《建筑地基基础设计规范》（GB 50007—2011）的要求；地基抗震性能应满足《建筑抗震设计规范》（GB/T 50011—2010）要求。场地基本平整，建筑地基标高应满足防洪要求。场地污染物水平降低至人体可接受的污染风险范围内。

（8）耕地

旱地田面坡度不宜超过25°。修复为水浇地、水田时，地面坡度不宜超过15°。有效土层厚度大于40厘米，土壤肥力较好。土壤环境质量应符合《土壤环境质量 农用地土壤污染风险管控标准（试行）》（GB 15618—2018）的要求。措施：修复灌溉、排水、道路、林网等配套设施。修复目标：3~5年后修复区单位面积产量，达到周边地区同土地利用类型中等产量水平。粮食及作物中有害成分含量符合《食品安全国家标准 粮食》（GB 2715—2016）的要求。

（9）园地特征

园地地面坡度小于25°，有效土层厚度大于40 cm，土壤肥力较好，土壤环境质量达到《土壤环境质量 农用地土壤污染风险管控标准（试行）》（GB 15618—2018）的要求。措施：修复要有灌溉、排水、道路等配套设施。有控制水土流失措施，边坡要进行植被保护。修复目标：3~5年后修复区单位面积产量，达到周边地区同土地利用类型中等产量水平，果实中有害成分含量符合要求。参照规定：《灌溉与排水工程设计标准》（GB 50288—2018）等标准以及当地同行业工程建设标准要求。

2.5 小结

本章主要分析了矿山生态环境破坏的模式,指出矿山开采过程中的植被破坏、土壤侵蚀和水土污染等现象导致生态系统的严重失衡;探讨了矿山生态修复管理的重要性,强调科学规划与综合治理的必要性,以确保修复工作的有效性和可持续性;介绍了矿山生态修复技术的多样性,包括边坡稳定性修复技术、露天矿坑回填及沉陷处治技术和污染土壤修复技术等。

第三章

矿山边坡生态修复植生混凝土技术

本章主要分析矿山边坡生态修复的常见措施，在对矿山边坡生态修复研究现状进行调研的基础上，概述了新型植生混凝土技术的特点，并探讨了其在矿山边坡生态修复中的重要意义。

3.1 矿山边坡生态修复研究现状

3.1.1 国外研究现状

国外对岩质边坡生态修复的研究起步较早,尤其是在工业革命的推动下,随着采矿业的迅猛发展,环境问题逐渐显现出来。欧美等发达国家率先意识到废弃矿区和边坡的植被修复问题,并逐步采取措施加以治理。从20世纪初开始,矿山开采导致的环境破坏问题逐渐进入国家政策和学术研究的视野,尤其是美国、德国和日本等国家,先后开展了大规模的边坡生态修复研究与实践,并制定了相关法律法规,推动了这一领域的技术进步与应用。

美国在20世纪三四十年代率先开始关于废弃矿区和边坡的植被修复工作。随着矿山开采活动的增多,环境破坏问题日益严重,美国政府和相关研究机构逐步认识到,环境问题如果不及时得到解决,将会对生态系统和社会经济产生长期的负面影响。因此,美国开始推行植被修复,从最初的草坪铺设、树苗种植等简单的手段,逐步发展到更复杂的工程修复技术。早期,美国主要通过人工铺设草坪和植树等方式,针对公路边坡和河堤护岸进行植被修复。这一阶段的修复方式较为简单,缺乏系统的技术支持,更多的是依靠人工操作。然而,随着矿区边坡的破坏加剧,单纯的植被恢复手段已经无法满足治理需求。到了20世纪50年代,美国逐渐开始对废弃的岩质边坡进行工程化修复,特别是通过喷播技术来解决边坡植被恢复难题。20世纪50年代,美国Finn公司开发了土壤喷播机,这一设备的出现标志着美国边坡植被绿化迈入机械化阶段,大大提高了植被恢复效率,为大面积的边坡修复提供了技术支撑。

20世纪60年代,美国著名生态学家奥德姆提出了"生态工程"概念,强调通过工程手段来恢复和重建自然生态系统。这一概念引发了全球范围内对生态修复的广泛关注和实践。作为生态工程的重要组成部分,边坡植被修复逐渐成为矿区治理的重点方向。随着生态学理论的发展,生态修复工程开始与景观设计、土壤稳定、植被重建等多学科领域相结合,形成了更加综合的技术体系。

1977年,美国颁布了《露天采矿管理与复垦法》(Surface Mining Control and Reclamation Act),这是美国历史上第一次以法律形式明确规定露天矿山开采后的生态恢复与边坡治理标准。该法案要求对露天开采后的矿区进行复垦,恢复其生态功能,并建立相关的管理和监督机制。这一法案的出台,标志着美国对矿区生态修复进入法治化、规范化阶段,为其他国家提供了重要的借鉴。随着技术的进步和法律的完善,美国逐渐形成了一套完整的矿区治理体系,包括前期的生态评估、中期的工程修复以及后期的监测与管理。美国的经验表明,只有通过法律的强制性规定,才能确保矿区生态修复工作的顺利进行,并将环境破坏的影响降至最低。

澳大利亚作为一个矿业大国,其矿产资源的开发对国民经济的发展至关重要。然而,长期的大规模采矿活动也对生态环境造成了严重的破坏。为应对这一问题,澳大利亚政府积极推动矿区生态修复技术的研究与应用。得益于政府的资助和政策支持,澳大利亚的边坡生态修复技术逐步赶上了世界领先水平。澳大利亚的矿区生态修复注重因地制宜,针对不同的地质条件和气候环境,采取不同的修复措施。例如,在干旱地区,澳大利亚开发了耐旱植物和保水材料,以提高植被恢复的成功率;在多雨地区,则加强了边坡的排水和防冲刷设计,以保障植被的稳定生长。通过这些措施,澳大利亚有效减少了采矿活动对生态系统的破坏,并逐步形成了完善的矿区生态修复体系。

在亚洲,日本是岩质边坡生态修复领域的先驱,其生态修复技术的发展和应用走在世界前列。日本地处多山地带,地质条件复杂,且经常面临地震、台风等自然灾害的威胁,因此边坡稳定和生态修复问题备受重视。20 世纪 60 年代,日本通过不断研发和改进现有技术,逐步在岩质边坡的生态修复领域取得了重要突破。日本最早的岩质边坡修复技术之一是沥青乳剂覆膜植生喷射技术。这项技术通过在坡面喷射一层沥青乳剂覆膜,既能起到防止水土流失的作用,又为植物的生长提供了所需的稳定环境。该技术奠定了日本在全球边坡生态修复领域的领先地位。1973 年,日本开发了纤维土绿化技术,这是一种厚层喷播工法,主要用于陡峭的岩质边坡。纤维土绿化技术通过将纤维和土壤混合后喷播到边坡表面,形成厚层的基质,能够有效防止土壤流失,同时为植物生长提供良好的环境。这一技术的开发标志着日本在岩质边坡生态修复领域进入了新的阶段。1983 年,日本提出了高次团粒喷播技术。这种技术选用了特殊的沥青材料,能够在保证植物生长的同时,增强边坡的抗侵蚀能力。高次团粒喷播技术的创新在于其材料的酸碱性呈中性,解决了纤维土绿化方法在初期 pH 过高的问题,大大提高了边坡植被恢复的成功率。

1987 年,日本进一步开发出连续纤维绿化 TG 工法。这一技术通过连续喷播纤维和土壤混合物,能够形成更为稳定和持久的植被层,极大地增强了边坡的抗侵蚀能力。该工法不仅在日本国内得到了广泛应用,还获得了加拿大等国的专利,并推广到中国香港、台湾等地区。进入20世纪90年代,日本开始研究植被多孔混凝土技术,这是一种将多孔混凝土与植被相结合的边坡修复技术,这项技术结合了传统的混凝土加固与现代的生态修复理念。多孔混凝土的使用,不仅可以使边坡获得结构上的稳定性,同时多孔材料为植物根系提供了良好的生长空间,使灌木、草本植物等能有效在坡面上生长。这种技术尤其适用于坡度较大、土壤贫瘠的岩质边坡,能够在稳定边坡的同时,恢复绿色植被,改善生态环境。

随后,日本成立"绿化混凝土协会",进一步推动了植被型生态混凝土技术的快速发展。该协会通过研究和推广多种不同类型的植被混凝土施工方法,使得日本的边坡生态修复技术日趋完善。到21世纪初,日本已经开发出超过二十种不同的喷播和覆土技术,涵盖了从低坡度到高陡坡面、从干旱地区到多雨地区的多种地质和气候条件。通过对这些技术的不断优化和整合,日本在边坡生态修复领域取得了显著的成就。

3.1.2 国内研究现状

我国矿区废弃岩质边坡的生态修复工作最早可以追溯至20世纪50年代,但由于当时社会、经济、技术等各方面条件的限制,这项工作长期处于分散、零星且规模较小的状态,发展水平较低。因此,相比一些发达国家,我国在岩质边坡生态修复领域的起步较晚。然而,在吸收和借鉴国外先进技术的基础上,我国的边坡修复技术从20世纪80年代开始逐渐步入快速发展阶段。

随着经济的不断发展,尤其是在改革开放后,我国开始引进国外先进的岩质边坡生态修复技术,并在此基础上进行改良和创新。20世纪90年代末,交通部科研机构率先将日本的客土喷播技术引入我国。这一技术的引入标志着我国在岩质边坡生态修复领域迈出了重要一步。2000年,广东省河惠高速公路的岩质边坡修复工程成为国内首个采用客土喷播技术的项目。该工程的成功实施为我国岩质边坡修复提供了宝贵的经验,随后,这项技术迅速在广东、湖南、四川等省份得到推广和应用。

进入21世纪,在国家政策的支持和引导下,我国的岩质边坡生态修复研究取得了显著进展。许多学者和科研机构针对边坡防护措施开展了深入的研究,并取得了多项创新成果。例如,三峡大学的许文年提出了一种结合特殊混凝土配方和种子配方的植被混凝土边坡防护技术。这项技术在确保边坡强度和抗雨水冲刷能力的前提下,实现了边坡的植被绿化,具有良好的实际应用效果。该专利技术为我国岩质边坡修复提供了新的思路,不仅提高了边坡的稳定性,还实现了生态恢复的目标。此外,张俊云等学者借鉴了日本的成功经验,经过多次物理和化学试验,研发出适用于高陡岩质边坡的厚层基质喷播技术。通过对各种基质混合物的物理化学特性进行分析,该团队成功研制出一种适合在陡峭岩质坡面上使用的种植基质。这项技术不仅改善了边坡的土壤条件,还促进了植物的快速生长,为边坡复绿提供了可靠的技术支持。陈守辉等人则提出了一种利用防护网、无纺布等辅助材料进行植被修复的方法。这种方法基于植物根系对边坡的固定作用,采用防护网和无纺布为植物种子提供生长环境,实现了对岩质边坡的生态修复。这一技术的应用有效地促进了植物在恶劣环境中的生长,提高了边坡的生态恢复能力。

针对焦作市石灰岩高陡边坡的绿化修复,王振宇提出了一系列综合整治措施,包括堆坡绿化、削坡平台绿化、清除危岩体、挂网喷播绿化以及岩壁开孔种植等方法。这些措施相互配合,取得了显著的复绿效果,为类似岩质边坡的生态修复提供了成功的范例。黄景春则以生态地质学理论为基础,提出了"地境再造法"。这一方法通过人工塑造植物所需的生长环境,探索了岩质边坡长期复绿的新模式。该技术不仅在短期内实现了边坡绿化,还为边坡的长期生态稳定性提供了保障。此外,黎曦等人对岩质边坡修复过程中植物选择、植物配置以及水土保持措施进行了系统分析和总结,提出了一套适用于岩质边坡的植被配置模式。这一模式在保证边坡稳定性的基础上,优化了植物种类和布局,提高了生态修复的效率。

尽管我国在矿山边坡生态修复领域起步较晚,但通过引进国外先进技术并结合本土实际情况创新运用,我国在这一领域取得了显著的进展。近年来,随着技术的不断创新和政策的有力支持,我国的矿山边坡修复工作逐步走向系统化和科学化,不仅在技术层面取得了多项突破,也为未来可持续发展奠定了坚实基础。

3.2 矿山边坡生态修复常见措施

露天矿山的开采,是把矿岩划分成一定厚度的水平层,自上而下逐层开采,在露天矿场的周边形成阶梯状的台阶,多个台阶组成的斜坡就是露天矿边帮即露天矿边坡。露天矿边坡由台阶、台阶上部平盘、台阶下部平盘、台阶坡面、台阶坡面角、台阶高度、台阶坡顶线、台阶坡底线等构成(图3.1)。国内外露天矿石资源的开采力度越来越大,露天矿山数量不断增多的过程中,形成的高陡岩质边坡数量也越来越多。如果不对这些高陡岩质边坡进行科学的治理和生态恢复,整个矿区的土地资源就会受到较大的影响。

图 3.1 露天矿山边坡

矿山边坡生态修复已成为世界各国共同关注的课题和跨学科的研究热点,政府愈发意识到生态环境的重要性与环保工作的迫切性,我国在岩质边坡生态修复这方面的研究形势也已经刻不容缓。为缓解矿山经济发展与生态建设的矛盾,促进矿山社会经济、生产和自然环境之间的协调发展,逐步治理历史遗留的矿山环境问题,对露采矿山形成的岩质边坡进行植被生态恢复尤为重要。恢复和重建边坡植被,重塑边坡自我维持、稳定的生态系统,是推动和加速矿区的生态修复进程的必然要求。目前在对矿山边坡稳定性处理后,其生态修复的主要措施如下。

3.2.1 覆土绿化技术

覆土绿化技术是一种通过在边坡表面覆盖土壤基质,并播撒草籽或栽植灌木、乔木等植被,从而实现植被覆盖恢复、稳定边坡和改善生态环境的修复技术。其核心在于构建适宜植物生长的基质层,基质可利用表土资源,也可通过废石、尾砂等矿山固体废弃物与土壤、腐殖质、有机肥等材料按比例混合制备。在施工过程中,需要先对边坡进行整平和削坡,形成利于绿化的微地形,覆土厚度一般控制在20~40 cm,根据植被类型和立地条件灵活调整。覆土完成后,需及时播撒根系发达、生长快速、耐贫瘠的草种,或栽植适应当地气候、土壤条件的乡土乔灌木,并加强后期抚育管理,如浇水、施肥和除草,确保植被成活率。植被成活并覆盖后,通过固土护坡作用,能够有效防止水土流失和边坡风化剥蚀,提升边坡稳定性并促进生态功能恢复。

覆土绿化技术具有多方面的优点:它能够快速恢复植被覆盖,减少水土流失,提升边坡稳定性,改善小气候,促进生态系统逐步恢复;适应性强,可根据不同地形和环境条件调整覆土厚度和植被配置;还能利用矿山废石、尾砂等固体废弃物作为基质,减少废弃物堆存压力,降低工程成本;通过形成稳定的植被群落,具有较长的生态效益持续时间,并显著改善裸露边坡的景观价值。然而,该技术也存在一定局限性:施工成本较高,特别是大规模覆土或需外运土壤时,投入巨大;对土壤资源需求量大,可能对土壤来源地带来新生态压力;对后期管理要求较高,包括浇水、施肥和补种等,否则可能导致植被退化;此外,生态恢复过程依赖植被的自然生长,恢复周期较长。

3.2.2 液压喷播技术

液压喷播技术是一种常见的绿化技术,广泛应用于矿山边坡、荒地复绿及生态修复工程,其通过机械化作业将种子与水分、有机肥、腐殖土、黏合剂、纤维材料等混合后喷洒到待绿化区域,以实现植物快速生长和生态恢复(图3.2)。液压喷播技术具有多方面的优势:机械化程度高,施工效率显著提升,特别适合复杂地形或恶劣环境;喷洒均匀,种子成活率高,能有效减少水土流失,改善边坡绿化效果;适应性强,尤其在高陡岩质边坡等传统绿化难以覆盖的区域表现突出;此外,所添加的有机肥等材料还能改善土壤环境,促进植被长期生长,同时通过快速恢复植被覆盖减少粉尘污染和水土流失,对生态环境改善和生物多样性提升具有重要意义。

然而,液压喷播技术也存在一定的局限性:对种子质量要求高,若种子选择不当或催芽处理不到位,可能导致绿化效果不佳;施工效果易受气候、降水等环境因素影响,在干旱地区可能出现种子无法生长的问题;设备和材料成本较高,经济投入较大,对资金有限的项目或企业构成负担;同时,喷播植物多以适应性强的草类或灌木为主,植被多样性较低,可能限制生态系统稳定性;此外,喷播后的区域需要长期维护,如补种、浇水和施肥等,否则植被可能退化,影响修复效果。

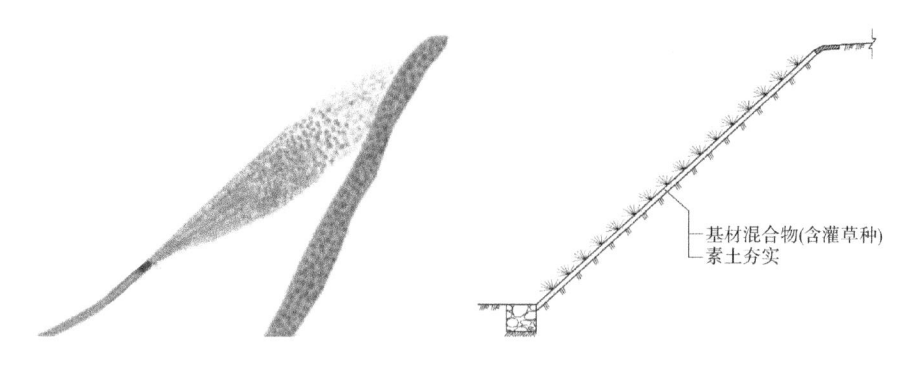

图 3.2　边坡液压喷播

3.2.3　钻孔植播技术

钻孔植播技术是一种在边坡上通过按一定间距布置钻孔,并在孔内填充种植土壤、草籽、肥料等基质材料,使种子萌发形成植被覆盖的绿化修复方法(图 3.3)。钻孔直径一般为 10~30 cm,深度根据植被类型确定,草本植物通常为 50~100 cm,灌木类为 100~150 cm。孔内填充的基质须具备疏松、透气、保水保肥的特性,以促进种子发芽和植物根系生长。在填充过程中采用分层填埋的方式,有助于根系向下延伸,并与边坡土体紧密结合,从而提高植物的稳固性和抗冲刷能力。钻孔布设需因地制宜,孔距的选择既要保证绿化效果,又要兼顾施工成本。

钻孔植播技术的主要优势在于其对边坡的适应性强,能够充分利用边坡深层土体的水分和养分,促进植物根系深入土层,从而增强边坡的稳固性。同时,该方法适用于多种边坡类型,包括土质边坡、砂砾石边坡,甚至可以通过与植筋或喷射混凝土技术结合,用于基岩边坡的生态修复,具有较强的应用灵活性。此外,钻孔绿化减少了对大面积覆土的需求,施工对原有边坡扰动较小,且成本相对可控。然而,其局限性也较为明显:首先,钻孔施工需专用设备,对施工技术和精度要求较高,特别是硬质边坡,钻孔难度和成本会显著增加;其次,由于植被基质仅局限于钻孔内,绿化初期的植被覆盖率较低,难以快速形成全面的绿化效果;最后,后期植被的成活率和生长效果依赖于孔内基质的养分和水分供应,若管理不到位,可能导致绿化效果不持久。

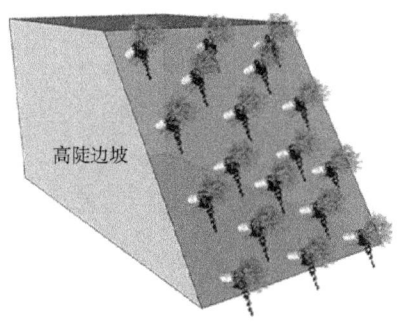

图 3.3 边坡钻孔植播技术

3.2.4 植被网播技术

植被网播技术是一种通过将金属网、土工格栅或三维植被网等高强度材料固定在边坡坡面上,并在网格内填充土壤、草籽等植被基质,使植被在网格内逐步萌发、生长,最终实现边坡绿化和加固双重目标的生态修复技术(图 3.4)。这种技术选用的网材要求具有高强度、良好的刚性、耐腐蚀性,同时要便于植被的萌发和生长。网格的尺寸通常为 10~20 cm,需根据边坡土质、坡度条件灵活调整,以确保绿化效果和网格稳定性。网格固定通常采用锚杆或短钢筋进行锚固,锚固的深度和间距设计需满足受力要求,以保障整体结构的稳定性。在网格内填充草籽、灌木幼苗等植被基质时,需混入适宜的土壤和腐殖质等材料,促进植物的生长发育。挂网后需及时养护管理,待植被的枝叶和根系逐步伸展并缠绕于网格内后,边坡的整体稳定性和抗冲刷能力会显著增强。

植被网播技术具有以下优点:首先,其绿化效果见效快,能够在短时间内实现边坡的植被覆盖和基础加固;其次,网格材料的高强度特性使其特别适合陡坡、风化边坡等不稳定边坡的治理;再次,植被网播技术能够有效防止土体流失,减少水土流失对边坡的进一步破坏,同时通过植物根系的固土作用,提升边坡的长期稳定性;最后,该技术施工灵活,适用于多种复杂地形。

然而,植被网播技术也存在一定的缺点。首先,材料成本较高,尤其是大面积边坡治理时,金属网或土工格栅的使用可能带来较大的经济压力;其次,施工工艺相对复杂,对锚固点的设计和施工质量要求较高,若固定不牢,可能导致网格松动或滑移,影响工程效果;最后,植被网播技术在植被完全覆盖前,坡面仍依赖网材支撑,若植被成活率较低或后期养护不到位,绿化效果可能难以长期维持。

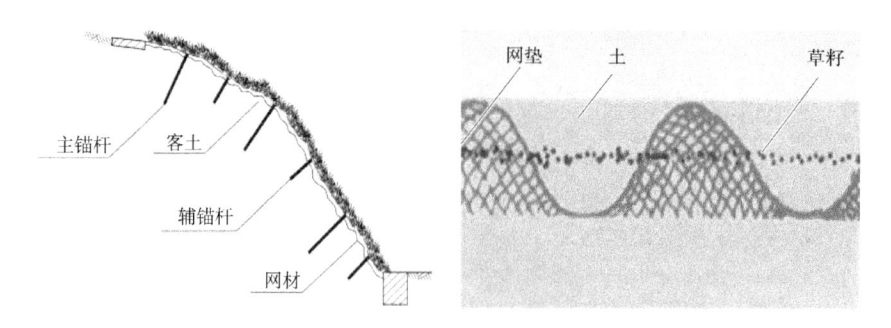

图 3.4　植被网播技术

3.2.5　植物纤维毯技术

植物纤维毯技术是一种创新的生态修复方法，通过利用天然材料或合成材料来稳定和改善需要修复的土壤环境，特别是在公路坡面修复中展现出色的效果(图 3.5)。这种技术的核心优势在于其对生态环境的多方面积极影响。

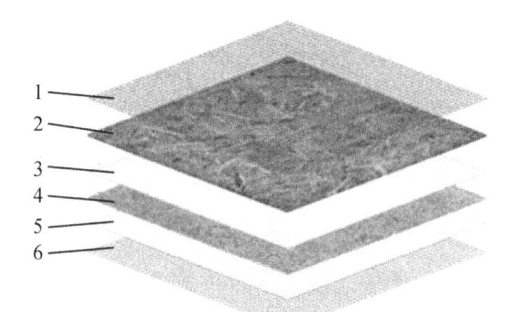

环保植生毯(麦秸)结构：1—上网层；2—稻、麦秸纤维；3—上垫层；4—种子；5—下垫层；6—下网层。

图 3.5　植物纤维毯技术

植物纤维毯能显著改善土壤质量。它们通过覆盖在土壤表面，起到保护和隔离的作用，减少雨水直接冲刷土壤表面的机会，从而有效防止土壤侵蚀和水土流失。植物纤维毯的结构可以帮助土壤保持水分，促进土壤中的微生物活动，从而提升土壤的肥力和结构稳定性。这对于需要快速恢复植被的区域尤为重要，因为良好的土壤条件是植物生长的基础，这项技术还能促进植被的快速恢复。植物纤维毯提供了一个理想的生长基质，使得种子可以牢固地附着并迅速发芽。随着植物根系的生长，它们会与纤维毯一起编织成一个稳定的网状结构，进一步增强土壤的稳定性和抗侵蚀能力。植被的恢复不仅美化了环境，还为当地的生态系统提供了支持，如增加生物多样性和改善空气质量。

然而，尽管植物纤维毯技术有诸多优势，也存在一些需要考虑的缺点。材料成本可能较高，尤其是当使用高性能的合成材料时，这可能限制其在大规模项目中的应用。此外，植物纤维毯的耐久性和效果在不同的环境条件下可能会有所不同。在一些极端气候条件下，如长期干旱或强风暴天气，纤维毯的物理结构可能会受到影响，从而降低其功能性。

3.3 新型植生混凝土技术特点

3.3.1 植生混凝土介绍

植生混凝土是指能够在混凝土中进行植被作业的生态混凝土，能够适应植物生长，进行植被作业，具有保持原有防护作用功能、保护环境、改善生态条件的混凝土及其制品(图 3.6)。植生混凝土的研究源于 20 世纪 90 年代初，日本最早开始研究绿化混凝土，并成立了混凝土结构物绿化设计研究委员会，目前对于植生混凝土的称呼有植被混凝土、绿化混凝土、植物相容性混凝土以及长草混凝土等。

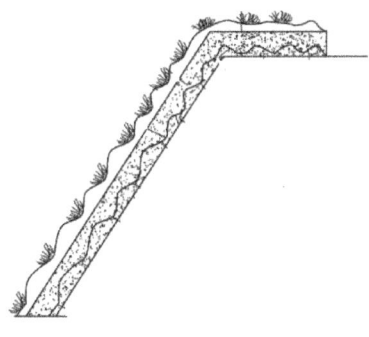

图 3.6 植生混凝土技术

植生混凝土生态防护技术是一种通过特定的混凝土配方和植物种子组合，对岩石或混凝土边坡进行加固与绿化的新型技术，其核心在于植生混凝土的配方设计。该技术融合了岩石力学、生物学、土壤学、肥料科学、硅酸盐化学、园艺学、环境生态学以及水土保持工程等多个学科的知识，属于一种综合性的环保技术。植生混凝土的配制根据边坡的地理位置、坡度、岩石的物理性质及绿化需求等因素,科学地确定水泥、砂壤土、腐殖质、保水剂、长效肥料、特定添加剂、混合植被种子和水的比例。混合的植物种子由冷季型草种和暖季型草种优选组合而成,依据植物的生长特点,确保植被能够四季常青、多年生长并具备自然繁殖能力。在该技术中,关键的部分是特制的绿化添加剂。该添加剂不仅能增强边坡的结构强度和抗冲刷能力,而且能防止混凝土层龟裂,还能够优化植生混凝土的化学性状,为植物生长提供良好的环境条件。因此植生混凝土技术在保护边坡的同时,通过生态绿化实现了边坡的长期稳定性和美观性。

3.3.2 植生混凝土生态修复技术优点

植生混凝土边坡生态修复技术能够有效固定土壤,防止水土流失,显著提高边坡的稳定性。同时,该技术为植物提供了理想的生长介质,使得边坡能够迅速绿化,恢复生态平衡,展现出强大的生态恢复能力。植生混凝土的适应性极强,能够根据不同地区的气候和土壤条件,选择合适的植物种类进行种植,确保了修复工程的成功率。此外,植被覆盖能有效减少雨水对边坡的直接冲击,降低侵蚀速度,保护宝贵的土壤资源。植生混凝土边坡生态修复技术遵循了环境友好的原则,减少了对自然环境的破坏,完全符合可持续发展的理念。植生混凝土生态修复技术的优点有以下几个方面。

① 植生混凝土技术在边坡修复过程中,通过在混凝土中添加适宜植物生长的基质材料,为植物提供营养、水分和生长空间,促进植被快速覆盖边坡。植被生长后不仅能够恢复自然生态系统,还能够增加区域绿化面积,为动植物创造栖息环境,改善边坡的生态功能,提升生物多样性,实现生态恢复与边坡防护的双重目标。

② 植生混凝土通过植物根系与土壤的结合,有效固结土体,提高边坡的整体稳定性。根系的加筋作用能增强土体的抗剪强度,减少滑坡和坍塌的风险。植被覆盖后能够减少雨水对边坡表层土壤的直接冲刷,降低水土流失的概率,同时分散雨水冲击力,有效提高边坡的抗侵蚀性能。

③ 植生混凝土技术采用的是环保材料,不会对周边生态环境造成污染,符合绿色环保理念。相比传统的钢筋混凝土或浆砌石护坡,这种方法对环境的破坏较小,避免了边坡硬化工程对自然生态系统的干扰,从而实现人与自然和谐共生。

④ 植生混凝土边坡生态修复能够通过植物覆盖形成自然的绿化景观，与周围的自然环境融为一体，消除了传统水泥边坡的生硬感，提升了整体景观效果。这种自然化的边坡形态不仅增加了边坡的美学价值，还能减少人类工程活动对自然景观的破坏，实现工程与景观的协调统一。

⑤ 植生混凝土边坡生态修复技术具有较强的地形适应性，可用于陡坡、缓坡及不规则地形的修复。其施工工艺简单，能够快速完成大面积的边坡修复工作，并且由于其便捷的施工流程，能够在较短时间内完成修复，特别适合时间紧迫或地形复杂的工程项目。

⑥ 植生混凝土边坡生态修复技术在施工阶段成本相对较低，同时在后期维护过程中因植被的自然覆盖作用减少了额外加固和修复的需求，大幅降低了长期运营及维护费用。植被的长期生长对边坡起到持续保护作用，延长了边坡工程的使用寿命，从整体上看具有较高的经济效益。

⑦ 植被覆盖的边坡能够有效调节地表温度，减少水分蒸发，改善局部小气候条件。此外，植被还能吸收噪声、减少扬尘，能够带来更舒适的生活和工作环境，对边坡周围的居民区、道路或其他人类活动区域尤为重要。

⑧ 植生混凝土技术适用于多种气候条件和地质环境，不论是在公路铁路边坡、河道护坡，还是矿山生态修复方面，都能有效发挥其功能。尤其是在生态环境敏感区域，这种技术能够很好地兼顾工程需求与生态保护，是一种理想的边坡修复手段。

3.3.3 植生混凝土的矿山边坡适用性

植生混凝土边坡生态修复技术的核心在于通过合理的工程设计和生态理念，恢复边坡的生态功能。这种技术不仅仅是单纯的结构加固，还融合了生态修复的思路，旨在通过恢复植被，建立一个稳定的、可持续的生态系统。具体来说，植生混凝土护坡技术通过在边坡表面喷射混凝土基材，并结合适宜植物种子的植入，实现了边坡的防护与植被恢复的同步进行。混凝土基材应用不仅增强了边坡抗冲刷能力，同时为植物生长提供了基础环境，使得植被能够在恶劣的自然条件下扎根生长。

植生混凝土在矿山边坡治理中具有显著的适宜性。混凝土的高强度特性使其能够有效抵御边坡常见的自然侵蚀和滑坡风险。该技术通过在混凝土中加入植物种子和土壤改良剂，可以在坚固的结构基础上促进植物的生长。一方面，植物根系的生长进一步增强了土壤的凝聚力，形成一个稳定的复合结构，有助于防止土壤流失。另一方面,植生混凝土对环境具有显著的生态效益。植物生长在混凝土表面,不仅能绿化边坡,还能创造一个良好的生物栖息地,促进当地生物多样性。此外,植被的存在改善了边坡的微气候条件,减少了地表径流,并通过植物的蒸腾作用,帮助保持土壤湿度。这些生态效益对恢复被破坏的矿山生态系统具有重要意义。

植生混凝土边坡生态修复技术特别适用于矿山高陡边坡的治理,因为在这些坡面上,传统的植被恢复手段往往难以奏效。而通过植生混凝土护坡技术,坡面不仅得到了有效的加固,植被的恢复也大大提高了边坡的生态稳定性。该技术的应用不仅解决了边坡难以复绿的问题,还通过恢复矿山的生态功能,使矿区的生态服务功能得以重建。这些功能包括生态净化功能、生态产业功能、历史文化传承功能、美学功能以及供给功能等多方面。在矿区修复过程中,景观生态学的思想被广泛应用,修复工程不只是为了恢复植被,更为了重建一个和谐的、可持续的生态环境,确保矿区能够重新发挥其生态服务功能。

3.4 植生混凝土技术研究意义

矿产资源作为国家重要的基础资源之一,极大地促进了人类文明发展、社会科技进步,为国家经济带来巨大的效益。虽然我国在矿产资源方面有着显著优势,但矿产资源开发给环境带来了一系列的问题。矿山开采过程中对山体植被造成严重的挖损破坏(图3.7),形成的裸露创面不仅存在地质灾害隐患,而且造成了水土流失、环境污染等问题。如果矿山开采后不及时进行生态修复,极易引起矿山地质灾害的发生,如崩塌、滑坡、泥石流等。目前我国对废弃矿山的生态修复率不足12%,对采石废弃矿山的生态修复案例更少。矿山开采带来的生态环境问题直接或间接地影响了人们的生活质量,威胁人们的身体健康。

废弃石场的生态恢复是当前矿山地质环境研究的热点领域之一。如何贯彻落实习近平生态文明思想、修复"生态包袱"、让废弃矿山变"绿水青山"是当前研究的重点和难点。矿山边坡具有坡度陡、表面坚硬、立地条件恶劣、植被破损严重、恢复难度大等特点。矿山开采形成的坡度陡、岩石坚硬的裸露边坡,在可视范围内造成了严重的视觉污染,且这些边坡复绿难度大。陡峭矿山边坡防护时多采用锚喷防护,但由于锚喷防护的环境、生态、景观效应较差、使用年限有限,随着对生态环境的日益重视,近年来已越来越少使用。目前应用较多的挂网客土喷播工艺简单,技术成熟,但植物生长养料和水分等条件差,在自然情况下植物很难生存，且在苗期不能起到防护作用，存在着喷播基底附着力和稳定性不足、客土层易冲刷脱落等问题，易导致坡面植物退化。如何保证喷射基质层的抗冲刷能力和植物较好的生长情况，是当前矿山边坡生态修复需解决的技术问题。

图 3.7　矿山开采裸露边坡

传统复绿及护坡技术存在着不足，无法适应废弃矿山的陡峭贫瘠边坡，导致当前生态修复效果欠佳。植生混凝土生态护坡技术是以水泥为黏结剂，使用植壤土、植物种子、水、添加剂等材料配置多孔类混合料，经由专用喷播设备喷射到岩石边坡上，以此为植被提供生长所需要的水分和养分，通过植被良好的生长态势加强边坡的生态防护，并提高边坡的稳定性能（图 3.8）。植生混凝土生态护坡技术既可使喷播基材有一定强度和抗雨水冲刷能力，达到防护作用，又满足了长期适应植物生长的生态修复要求，适用于 45°～85°的各类边坡。

图 3.8　植生混凝土生态护坡技术

综上所述，植生混凝土护坡既能实现生态绿化、环境修复的功能，也具有传统护坡工程的护坡能力。但由于应用时间较短,当前植生混凝土生态护坡技术应用于矿山边坡绿色生态环境修复时,在生态修复基材配比设计、植被配置植生效果评价、施工工艺规范等方面仍然存在不足,亟须开展研究。基于此,本书拟结合开展矿山边坡绿色生态环境修复新型植生混凝土关键技术及应用研究,旨在研发矿山边坡适用的水泥基生境基材和生产工艺并进行应用,为植生混凝土生态修复技术在矿山边坡绿色生态环境修复的推广提供科学依据和应用参考。

3.5 小结

本章主要分析了矿山边坡生态修复的研究现状,指出当前技术应用和理论研究方面的不足,特别是在新型材料的开发与应用上。同时,探讨了矿山边坡生态修复的多种常见措施,包括覆土绿化技术、液压喷播技术、钻孔植播技术等;重点介绍了新型植生混凝土技术的特点;强调了植生混凝土技术研究的意义,认为其在矿山生态修复中的应用前景广阔,有助于实现可持续发展目标,推动生态环境的改善和恢复。

第四章
绿色生态植生混凝土材料开发

本章围绕绿色生态植生混凝土材料的开发展开研究，重点分析其原材料组成、配合比设计、保水剂影响及肥效演化规律；明确了植生混凝土的核心功能，即提供适宜的植物生长环境，同时具备良好的抗冲刷性、保水性和养分供给能力。在材料选择方面，研究了土壤、水泥、有机物、保水剂、纤维、营养肥、降碱剂及草种的作用，并制定了基于生态修复需求的配合比设计原则。

4.1 植生混凝土基材

植生混凝土基材是植物在边坡等特殊地形上扎根和生长的重要基础,其不仅为植物提供必要的水分和养分,还能在复杂多变的环境中为植物创造适宜的生长条件。尤其是在岩质边坡等自然条件极端恶劣的区域,植生混凝土基材的选材与设计直接决定了植被恢复的成效。为实现植被的稳定生长,基材的设计需要从多方面综合考虑,包括营养供给、物理结构、化学特性以及其与地形的结合能力等,要确保其既能满足植物的生长需求,又能在各种环境下长期保持稳定。

4.1.1 植生混凝土基材的主要功能

植生混凝土基材的核心作用是为植物提供充足的水分、养分以及适宜的生长环境。水分是植物生存的基础,而养分则是促进植物生长和繁茂的关键条件。然而,仅靠水分和养分还不足以支撑植物的健康生长,基材还需为植物根系创造理想的生长环境。一方面,基材的酸碱度(pH)至关重要。一般来说,pH 在 6.0 至 7.5 之间可以更好地促进植物根系对营养元素的吸收,酸性或碱性较强的环境则会抑制植物的生长。另一方面,基材的孔隙结构需要科学设计。合理的孔隙分布既能确保良好的透气性,又能有效地保持水分,从而为植物根系的延展提供支持。如果基材过于紧实,可能限制根系的正常发育;而如果基材过于疏松,则容易导致水分和养分流失。因此,孔隙结构的优化是植被基材功能设计的重要内容。

在岩质边坡等复杂地形条件下,植生混凝土基材需要应对更加严峻的挑战。岩质边坡往往土壤匮乏,表面坚硬且易受到风化和雨水冲刷,因此,植生混凝土基材不仅需要满足植物生长的基本需求,还必须具备优异的物理和化学稳定性。基材必须具有足够的黏结力,以保证其能够牢固地附着在岩石表面,不易受到外界环境的冲刷或剥离。基材需要具备良好的耐蚀性,能够有效抵抗降雨、径流以及风化作用的侵蚀,从而为植物提供一个长期稳定的生长环境。此外,岩质边坡的干旱问题较为突出,基材还需要具备一定的蓄水能力,以缓解水资源不足的限制。同时,其也需要兼顾排水性能,避免因积水导致植物根系腐烂。因此,植被生长基材在岩质边坡环境中的表现直接关系到植被能否扎根和持续生长。

4.1.2 植生混凝土基材组分及其功能

为了满足上述功能需求,植生混凝土基材通常由多种材料科学配比而成。不同材料在基材中各司其职,通过协同作用共同构建一个适宜植物生长的稳定系统。植生混凝土基材的主要组成成分及其功能如下。

(1) 土壤

土壤是植被基材的核心成分之一,它为植物提供大量的矿质养分,并具有良好的透气性和保水性。然而,在岩质边坡等特殊地形上,由于土壤资源有限,基材中的土壤成分通常较少,更多起到框架材料的作用。因此,土壤需要与其他功能性材料结合使用,以提升基材整体的性能。

(2) 黏合剂

为了增强基材的黏结力和结构稳定性,黏合剂是不可或缺的组成部分。黏合剂分为有机黏合剂和无机黏合剂两类,前者具有良好的柔韧性和黏附性能,后者则表现出更强的耐久性和抗风化能力。通过添加黏合剂,基材能够更好地附着在岩石表面,并提高自身的抗冲刷性能,延长使用寿命。

(3) 有机物

有机物是基材中必不可少的改良成分,不仅能为植物生长提供缓效性养分,还能改善基材的物理结构。通过增加有机物含量,基材的团粒结构得以优化,从而提升其透气性和保水性。有机物还能够促进土壤微生物的活性,进一步改善基材的肥力和土壤生态环境。常用的有机物包括腐殖质、堆肥、木屑等,它们能够为植物提供持续的营养支持,并在长时间内保证基材肥效的稳定性。

(4) 保湿成分

保湿成分的加入是植被基材提升水分保持能力的关键措施,尤其在干旱和降水不均的环境中显得尤为重要。这类成分能够帮助基材在雨水充足时吸收并储存水分,并在干旱时期缓慢释放,为植物提供持续的水分供应。常见的保湿成分包括高分子吸水树脂和膨润土等材料。高分子吸水树脂因其极强的吸水和保水能力,能够显著提高基材的抗旱性能,而膨润土则通过吸水膨胀特性改善基材的水分保持能力。这些保湿成分与基材其他组分相结合,不仅提升了基材的蓄水性能,还增强了其在干旱条件下的适应性。

(5) 营养肥料

营养肥料是植生混凝土基材中直接为植物生长提供养分的部分,通常包括氮、磷、钾等速效肥料,以及一些中微量元素如钙、镁、硫等。此外,还可以加入缓释或控释肥料,以实现养分的逐步释放,避免因养分过量而造成的浪费或环境污染。适宜的营养肥料配比能够满足植物在各个生长阶段的需求,确保植被能够迅速建立并维持健康的生长状态。

(6) 土壤调理剂

土壤调理剂主要用于改善基材的理化特性,从而为植物创造更加适宜的生长环境。例如,添加石灰或硫磺可以调节基材的pH,使其更接近植物需求的中性范围;而添加石膏或生物调理剂等材料,则能够改善基材的团粒结构,使其更加松散、透气。此外,一些调理剂还具有提高基材保水能力或促进微生物活性的作用,对整体基材性能有明显的提升效果。

(7) 加筋材料

植物根系能够将浅层土壤与深层土体锚固在一起,形成一个整体结构,从而显著提升土体的抗滑能力和抗剪强度。植物根系对土体的抗剪性能具有显著影响,适量的根系能够有效提高土体的抗剪强度。然而,由于根系的分布无法完全通过人工控制,导致区域内土体强度存在一定程度的不均匀性。为此,本研究选取性能优异的木质纤维,配制纤维加筋基材,以进一步改善和提升传统基材的性能。

4.1.3 植生混凝土基材原材料

(1) 土壤

本研究所用土壤取自南方湿热地区,采样区域为边坡表层的新近沉积土。该土体呈黄褐色或灰黄色,整体处于硬塑状态,无明显特殊气味,且夹杂少量钙质结核,如图4.1所示。

图 4.1 土壤样品

为研究土壤的基本物理性质,依据《土工试验方法标准》(GB/T 50123—2019)进行开展实验。在土壤采样过程中,首先对土体进行了初步敲碎,并将其装袋后带回实验室。随后对土样进行风干处理,进一步粉碎土块,清除其中的杂草、植物根系等杂质。经处理后的土样通过孔径为 2 mm 的筛网进行筛分。对土壤开展液限、塑限、塑性指数、相对密度、pH、最优含水率、最大干密度等相关测试分析,其结果如表 4.1 所示。

表 4.1 基质土壤物理性质

指标	单位	结果
液限	%	34.2
塑限	%	17.3
塑性指数	—	16.7
相对密度	—	2.70
pH	—	7.42
最优含水率	%	18.2
最大干密度	g/cm^3	1.75

(2) 胶结材料

本研究所用胶结材料为常见的 P.O 42.5 硅酸盐水泥。硅酸盐水泥因其较高的强度发展性能、优良的耐久性以及普遍的适用性,被广泛应用于植生混凝土材料中,如图 4.2 所示。

图 4.2 水泥样品

在植生混凝土中，水泥不仅起到胶结土壤颗粒的作用，还为植被生长提供必要的结构支撑。其主要通过水化反应生成水化硅酸钙（C-S-H）和钙矾石等胶凝产物，这些产物能够填充土壤颗粒间的孔隙并形成稳定的骨架结构，从而增强土体的整体强度和抗侵蚀能力。植生混凝土保留了一定的孔隙度，不仅能够为植物根系的生长提供空间，而且能够维持适宜的水分和空气流通条件。水泥的具体技术指标详见表4.2。

表 4.2 水泥的技术指标

指标		单位	结果
抗压强度	3 d	MPa	5.4
	28 d		8.6
抗折强度	3 d	MPa	27.5
	28 d		48.5
凝结时间	初凝	min	168
	终凝		206
比表面积		m^2/kg	346

（3）有机物料

锯末、秸秆和酒糟等有机质材料在改善土壤结构、增加土壤有机质和提升土壤肥力方面表现出显著优势，其作为典型的有机质基质材料在植生混凝土研究中得到了广泛应用，有助于促进植被混凝土中植物的生长发育。根据相关统计数据，我国每年产生的秸秆资源量约为10.9亿吨，酒糟的年产量也高达4 000万吨，但其利用率相对较低。合理利用这些农业废弃物，不仅有助于降低植被混凝土材料的生产成本，还能够有效缓解农业废弃物带来的环境污染问题，契合当前环保与可持续发展的要求。本研究选用锯末、秸秆和酒糟作为植生混凝土的有机物料。

① 锯末

植生混凝土所用锯末为人工锯末，其是通过对人工种植的树木进行切割得到的锯末。按照粒度可以分为细锯末和粗锯末两类。细锯末的颗粒大小在0.1～2 mm之间，粗锯末的颗粒大小在2～5 mm之间，本次所用锯末如图4.3所示，其技术指标如表4.3所示。

图 4.3　锯末

表 4.3　锯末的技术指标

指标	单位	结果	要求
外观	—	无杂质	—
水分含量	%	13.5	<15
密度	g/cm³	425	300~500
pH	—	7.6	6~8
吸水率	%	15.3	<20
粒度	mm	0.1~2	0.1~2
		2~5	2~5

② 秸秆

农作物秸秆作为自然界中巨大的再生资源,具有来源广泛、成本低廉、可生物降解、纤维素含量较高等特点。本研究所用秸秆主要为玉米秸秆经过破碎后得到,如图 4.4 所示。

将其自然晾晒达到水分平衡后测定其各项技术指标如表 4.4 所示。

图 4.4 秸秆

表 4.4 秸秆的技术指标

指标	单位	结果
外观	—	无杂质
水分含量	%	7.56
粒度均匀度	%	8.3
自然堆积密度	g/cm³	0.352
摩擦系数	—	0.65

③ 酒糟

酒糟富含有机质、氮、磷、钾等植物生长所需的营养物质,含有较丰富的粗蛋白、粗淀粉、粗脂肪和粗纤维以及酿酒微生物发酵产生的一定量的醇类、酸类、酯类和少量醛类等有机物。如果发酵生成有机肥后,施入土壤可提高土壤养分含量、改善微生物群落结构,对植物的生长具有积极作用。本研究所用酒糟如图 4.5 所示,其技术指标如表 4.5 所示。

图 4.5　酒糟

表 4.5　酒糟的技术指标

指标	单位	结果
外观	—	无杂质
水分含量	%	73
pH	—	6.3
自然堆积密度	g/cm^3	0.237
有机质含量	%	76

（4）保水剂

水分是植物生存的基本条件。在岩质边坡这类保水能力极低的特殊环境中，常常出现短期无雨的高温天气，这对植物的正常生长带来了严峻挑战。因此，植生混凝土基材须具备良好的保水能力，以保障植物在干旱条件下的生存。在岩质边坡的生态修复过程中，植生混凝土基材的保水性能尤为关键，直接影响植物的成活率及生态修复效果。近年来，通过在土壤中添加高吸水性聚合物（SAP）以建立水分储备，已成为提升土壤保水性能的重要技术手段。保水剂能够吸附并储存雨水，为植物根系提供持续的水分供应，同时在水土保持方面展现出显著优势。其技术指标如表 4.6 所示。

表 4.6　保水剂的技术指标

指标	单位	结果
外观	—	白色粉体
平均粒径	μm	100
pH	—	7
自然堆积密度	g/cm^3	0.237
吸水倍率	倍	200~500
蒸馏水吸收量	g/g	650
堆积密度	g/ml	0.75
含水率	%	9.5

（5）营养肥

裸露的岩质陡坡由于侵蚀作用，导致氮、磷等营养元素的大量流失，日益成为威胁土壤、水体及大气环境的严重问题。这一问题在岩质边坡防护中尤为突出。在如此恶劣的生态条件下，植物的正常生长依赖于植生基材中添加适量的肥料，以补充必要的营养元素。本研究中使用的复合肥配方为氮、磷、钾，比例均为 20∶20∶20。这一均衡配比旨在提供植物生长所需的基础养分，帮助植物在贫瘠的岩质环境中维持健康生长。

（6）降碱剂

由于本研究中植生混凝土基材的胶结材料为水泥，水泥在水化过程中会产生大量碱性物质，导致基材的 pH 较高。为了缓解基材碱度过高的问题，本研究采用硫酸亚铁作为降碱剂对其调理降碱。硫酸亚铁是一种常用的农业和园艺化学试剂，能够通过与碱性土壤中的物质发生酸碱中和反应，从而有效缓冲土壤的碱性，降低土壤的 pH。此外，硫酸亚铁还能在一定程度上防止土壤板结。硫酸亚铁中的铁元素还可为植物生长提供必要的铁，从而有效预防黄叶病、黄化病、果疤等病害的发生，并促进植物叶绿素的合成。然而，需要注意的是，硫酸亚铁具有较强的氧化性，使用时应现配现用，并尽量避免在高温和阳光直射的条件下使用，以确保其效果与安全性。硫酸亚铁的技术指标如表 4.7 所示。

表 4.7　硫酸亚铁的技术指标

指标	单位	结果
外观	—	绿色晶体

续表

指标	单位	结果
亚铁离子含量	%	45
pH(1∶250稀释)	—	3.2
三价铁含量	%	0.1
水不溶物的质量分数	%	03

(7) 纤维

纤维能够增强基材的黏结性和整体性,避免基材在降雨冲刷下发生流失现象,本次研究采用木质纤维作为加筋材料,如图4.6所示。

图4.6 木质纤维

其技术指标如表4.8所示。

表4.8 木质纤维的基本性质

指标	单位	结果
长度	mm	3.5
灰分含量	%	13
pH	—	7.6
含水率	%	4.2
耐热性	℃	>200

(8) 草种

在种植边坡复绿植物前,除需要明确植物的生命力和抗逆性等基本特性外,还必须全面了解植物的播种时间、出苗情况、生长期规律以及可能发生的病虫害问题。本研究选用了三种在南方地区边坡复绿中较为常见的植物,分别是高羊茅、黑麦草和狗牙根,如图4.7所示。

(a) 高羊茅　　　　　(b) 黑麦草　　　　　(c) 狗牙根

图4.7　研究所用草种

① 高羊茅:属多年生丛生型草本,茎圆形,直立,粗壮,簇生;叶片扁平,坚硬,黄绿色;圆锥花序,直立或下垂,每一小穗上有4或5朵小花。其花果期在4—8月。高羊茅喜寒冷潮湿、温暖的气候,不耐高温;喜光,耐半阴,耐土壤潮湿,并可忍受较长时间水淹;对肥料反应敏感,抗逆性强,耐酸、耐贫瘠,抗病性强。

② 黑麦草:属多年生草本植物,秆高30～90 cm,基部节上生根质软。叶舌长约2 cm;叶片柔软,具微毛,有时具叶耳。穗形穗状花序直立或稍弯;小穗轴平滑无毛;颖披针形,边缘狭膜质;外稃长圆形,草质,平滑,顶端无芒;两脊生短纤毛。颖果长约为宽的3倍。其花果期在5—7月。

③ 狗牙根:属多年生草本植物。秆直立或下部匍匐,无毛,细而坚韧;叶为线形,通常无毛;小穗灰绿色,稀带紫色,花药淡紫色;果实为长圆柱形。其花果期在5—10月。狗牙根适合在温暖潮湿和温暖半干旱地区生长,极耐热耐旱,耐践踏,但抗寒性差,也不耐阴,根系浅,喜在排水良好的肥沃土壤中生长。

4.2　植生混凝土配合比设计

4.2.1　配合比设计原则

植生混凝土作为一种创新的复合材料,旨在为植物生长创造适宜的自然环境。为此,需要制定一套新的、高效的植生型混凝土配合比设计原则与方法,以下是设计原则的几个关键点。

(1) 肥力供给

植生混凝土基材应能根据实际情况,按适当比例提供植物生长所需的基本肥力。同时,基材还需充分发挥有机质的保肥作用,提高土壤的缓冲性能,以确保植物能够健康生长。

(2) 抗冲刷性能

在施工初期,由于草坪植被尚未长成,无法立即发挥固定土壤和抗冲刷的作用。因此,植生混凝土基材应具备良好的附着力和抗冲刷性能,以保证在植被未成熟阶段的稳定性。

(3) 吸水和保水能力

在公路边坡等环境下,水分容易流失,特别是在干旱地区或干旱季节,土壤水分极度匮乏。因此,植生混凝土基材应能有效吸收并保持降水,为植物发芽和生长提供充足的水分,从而提高植被的抗旱能力。

(4) 碱性中和性能

植生混凝土基材通常采用低碱胶凝材料,虽然我们已经选择了碱度较低的无机胶结材料,但植物生长的理想 pH 范围在 6.0 至 8.0 之间。因此,植生混凝土基材需要具备良好的碱性中和能力,以确保植物能在适宜的 pH 环境中生长。

4.2.2 配合比设计组成

在选择植生混凝土基材时,首先,应确保其具备良好的抗雨水冲刷能力,这是为了确保在植物生长至成熟阶段之前,基材不会被雨水冲走。其次,要保证基材混合物能够形成团粒结构,这种结构有利于水、肥、气、热等肥力因素的协调,为植物生长提供最适宜的土壤环境。最后,要确保植物所需养分的长期供应,以防止在坡面形成健康稳定的植被群落之前养分耗尽。

合理的配合比需要经过严格的试验和现场的反复优化。不同材料的配合比会对基材的抗侵蚀性能、黏附能力、孔隙水压力以及植生能力等产生重要影响。根据配合比设计原则,参考以往经验及查阅相关文献,由上述各材料特性等,确定本次实验植生基材配方,如表 4.9 所示。按照表 4.9 分别选取一定量的土壤、水泥、有机物料、保水剂、纤维、营养肥、降碱剂、草种等,将其搅拌均匀配制植被混凝土基材,如图 4.8 所示。

表 4.9 植生混凝土组分比例

材料类型	比例/用量	备注
土壤	100%	红壤土
水泥	0~12%	普通硅酸盐 P.O 42.5 水泥
有机物料	10%	锯末、酒糟、秸秆
保水剂	0.2%	吸水材料
纤维	1%	木质纤维
营养肥	1%	氮、磷、钾复合肥(1:1:1)
降碱剂	水泥用量的 1/5	硫酸铝
草种	30 g/m²	高羊茅、黑麦草、狗牙根

注:以上材料用量百分比以干土质量为标准。

图 4.8 制备的植生混凝土

4.3 保水剂类型对植生混凝土团聚特性影响

4.3.1 保水剂类型

保水剂选用聚丙烯酸/无机矿物型(JBW)、聚丙烯酰胺/无机矿物型(JAW)、聚丙烯酸盐型类(JBX)。其中,JBW 保水剂的粒径约为 100 目,颜色为深褐色;JAW 保水剂的粒径约为 100 目,颜色为黄绿色;JBX 保水剂的粒径约为

150目,颜色为白色。

植生混凝土试件按照前期方案比例添加水泥、有机物料、保水剂和肥料等材料制备,并确保各组分混合均匀,其中保水剂用量设计为植生混凝土的0.3%,植生混凝土的加水量为20%,制备后将其置于室温环境中养护24 h。保水剂性能试验及植生混凝土团聚特性研究如下。

(1) 保水剂吸水试验

称取保水剂1 g数份置于水中静置,依次以不同时间进行过滤,称量得到保水剂在不同时间的吸水倍数,从而计算吸水速率。吸水速率计算公式如下:

$$Q = (m_2 - m_1)/m_1 \tag{4.1}$$

式中:Q——吸水速率(%);

m_2——吸水后质量(g);

m_1——吸水前质量(g)。

(2) 保水剂保水试验

称取100 g已经充分吸水膨胀后的保水剂溶胶于200 mL的烧杯中,将烧杯置于烘箱中定温25℃定时称重,持续72 h。

(3) 植生混凝土团聚特性

使用土壤湿筛分析仪,将植生混凝土的团聚体组分分离并表征。方法如下:取100 g植生混凝土,用蒸馏水润湿12 h后,依次置于湿筛分析仪的5 mm、2 mm和0.25 mm孔径筛上,振荡筛选3 min。收集到的团聚体粒级为≥5 mm、2~5 mm、0.25~2 mm,回收率为90%~95%。风干后称重,计算质量分数用于后续分析。

4.3.2 保水剂吸水保水能力

(1) 保水剂的吸水能力

保水剂的吸水能力是指其能够吸收并保持大量水分的能力,通常以其自身重量的吸水倍数来衡量。这一能力的高低直接反映了保水剂的吸水和保水性能。本研究中三种保水剂在纯水中的吸水能力存在差异,如图4.9所示。具体而言,JBW保水剂的吸水倍数为272倍,JAW保水剂的吸水倍数为315倍,而JBX保水剂的吸水倍数最高,达480倍。对比可知,聚丙烯酸盐型JBX保水剂的吸水能力最强,而JBW保水剂的吸水能力相对较弱。

JBX保水剂的吸水倍数之所以显著优于其他材料,主要归结于其独特的化

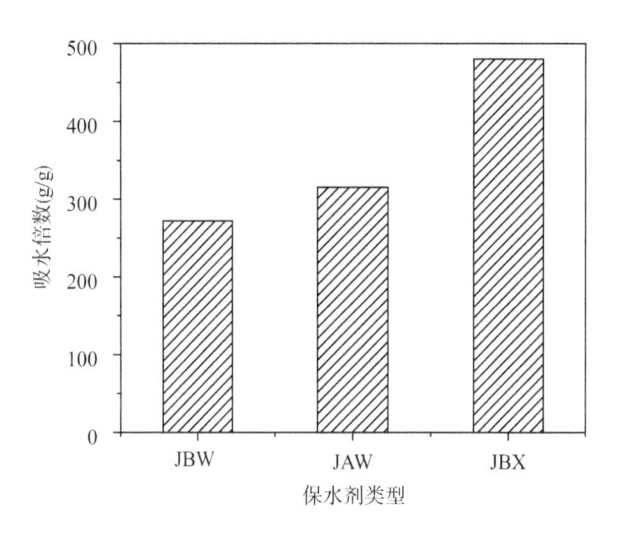

图 4.9 保水剂的吸水能力对比

学结构和物理特性。一方面,JBX 保水剂中含有大量的羧酸盐基团,这些基团在水中能够发生离解,形成负电荷,从而显著提升材料的亲水性和吸水能力。负电荷的形成使得水分子能够更容易地被吸引并结合,从而增强了材料的保水能力。这种亲水性不仅使得 JBX 能够在干燥环境中快速吸水,还能在植物需要水分时迅速释放,有效改善植物的生长条件。

另一方面,JBX 保水剂的聚丙烯酸盐类成分通常具有完善的三维交联网络结构。这种结构能够有效捕捉和保持水分,形成一个稳定的水分储存系统。较高的交联密度不仅增强了材料的机械强度,还使其在吸湿过程中能够更好地维持结构的稳定性,从而避免因水分子的浸入而导致的材料溶解或塌陷。这种结构特性使得 JBX 保水剂在应用过程中能够承受更大的外部压力和环境变化,从而保持其长期的保水性能。

相较之下,JBW 保水剂的吸水能力较低,主要原因在于无机矿物成分的引入。无机矿物通常具有较强的疏水性,这在一定程度上降低了材料的亲水性和吸水效率。无机成分的存在可能会形成物理屏障,阻碍水分子与亲水基团的结合,从而使得材料的整体吸水能力受到限制。此外,该类材料的交联结构相对较弱,导致其在吸水时容易发生形变或解聚,进一步降低了保水性能。

(2) 保水剂的保水能力

保水剂的保水能力是指保水剂在吸收水分后能够有效保持水分,防止其轻易流失或蒸发。与吸水能力不同,保水能力主要关注保水剂在吸水后的水分保持效果，即在特定条件下防止水分迅速蒸发或流失的性能。保水能力的强弱直接影响保水剂在实际应用中的持久性和有效性。本研究中三种保水剂的保水能力如图 4.10 所示。

从图 4.10 可以看出，三种保水剂均具备良好的保水能力。尽管随着时间的推移，其吸水率会不同程度地降低，但在 72 小时后，三种保水剂的保水率仍超过 50%。在前 24 小时内，JAW 保水剂表现出最高的保水能力，但随着时间的推移，JBW 保水剂的保水能力逐渐提升，最终表现出更优的保水性能。

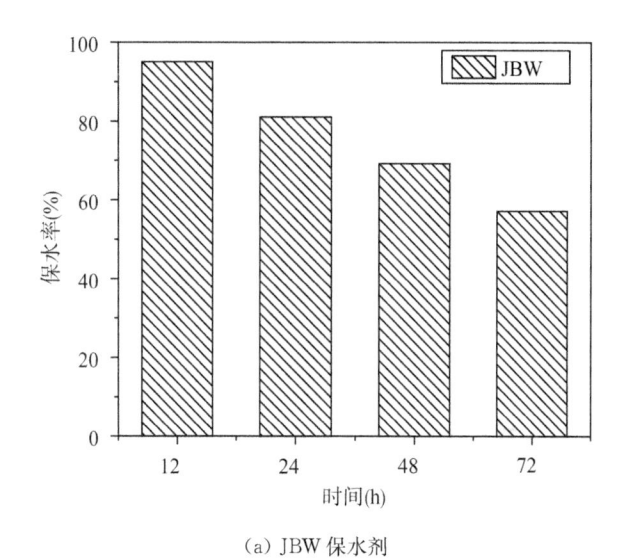

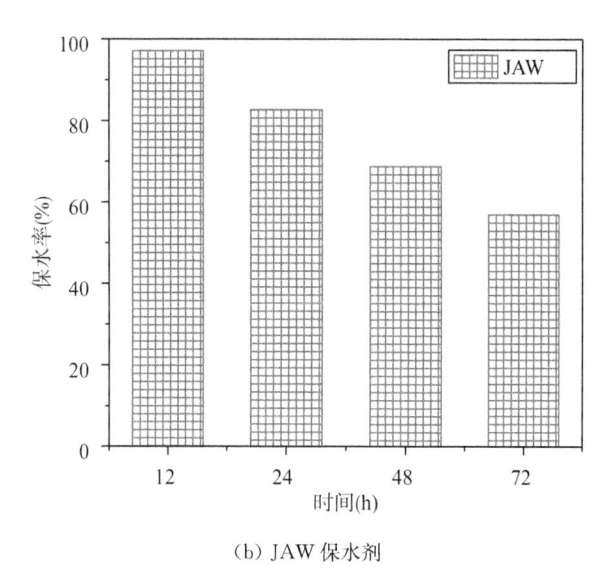

(a) JBW 保水剂

(b) JAW 保水剂

(c) JBX 保水剂

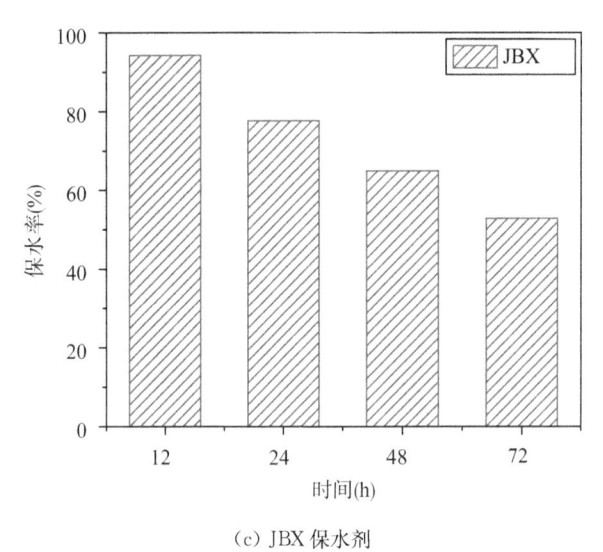

图 4.10 保水剂的保水能力

JAW 矿物型保水剂在初期的高保水能力主要归因于其分子链上的酰胺基团具有较强的亲水性,能够迅速吸收水分。然而随着时间的延长,水分通过酰胺基团的氢键作用逐渐释放,这一现象表明,尽管 JAW 保水剂在初期表现出色,但在持久性方面存在一定的局限。

相比之下,JBW 保水剂因其羧基的亲水性更强,与无机矿物形成了更加稳定的有机-无机复合结构,使其在长期保水方面更具优势。羧基的强亲水性不仅提高了水分的吸附能力,还增强了材料与水分子的结合力,减缓了水分的释放速度。同时,JBW 保水剂的网络结构可能更加紧密,这种致密的结构有助于提高材料的稳定性,使其在吸水后能够更有效地保持水分。

4.3.3 植生混凝土团聚特性

团聚特性指的是土壤颗粒在水分、空气和有机物等因素的共同作用下,通过黏结或凝聚形成较大团粒或团聚体的能力。采用三种保水剂后,本研究中的植生混凝土团聚特性如图 4.11 所示。

从图 4.11 可见,加入三种保水剂后的植生混凝土,其团聚颗粒结构主要分布在 2~5 mm 范围内,其次是≥5 mm,最后是 0.25~2 mm 范围。三种保水剂的添加均有效促进了植生混凝土中团粒结构在 2~5 mm 范围内的形成,这一现象可能源于保水剂在混合过程中与水泥、砂等其他成分之间形成了一种特殊的物理或化学结合。这种结合方式能够显著增强颗粒在这一尺寸范围内的稳定性,使得团聚体在固化过程中能够维持较为理想的结构。

较大的团聚颗粒($\geqslant 5$ mm)的数量虽然次于 2~5 mm 颗粒,但仍占有一定比例。这种现象可能是由于在混凝土的凝固和硬化过程中,部分保水剂与其他成分形成了更大的聚集体,进而导致了这一尺寸范围内团聚颗粒数量的增加。相对而言,0.25~2 mm 范围内的团聚颗粒数量较少,这一现象可能与保水剂在这一尺寸范围内的颗粒较难形成稳定的团聚结构有关。在混合和振捣过程中,

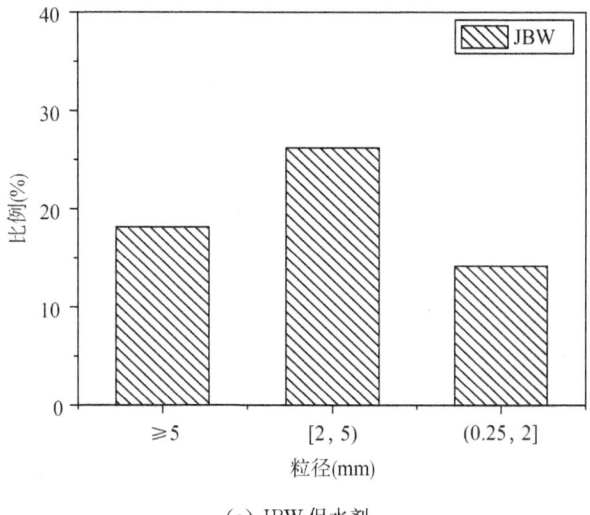

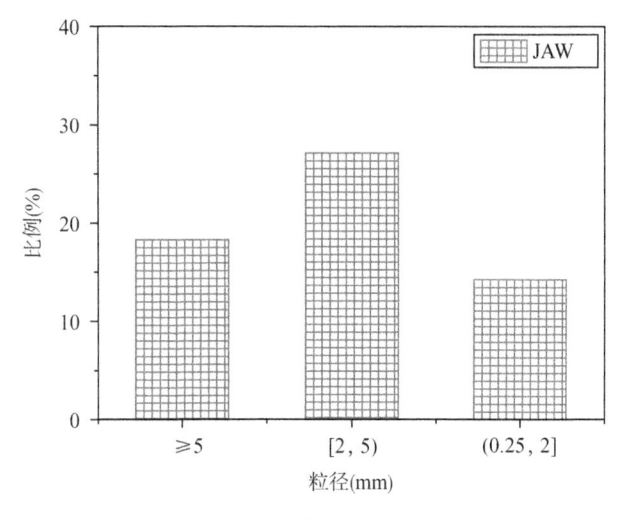

(a) JBW 保水剂

(b) JAW 保水剂

(c) JBX 保水剂

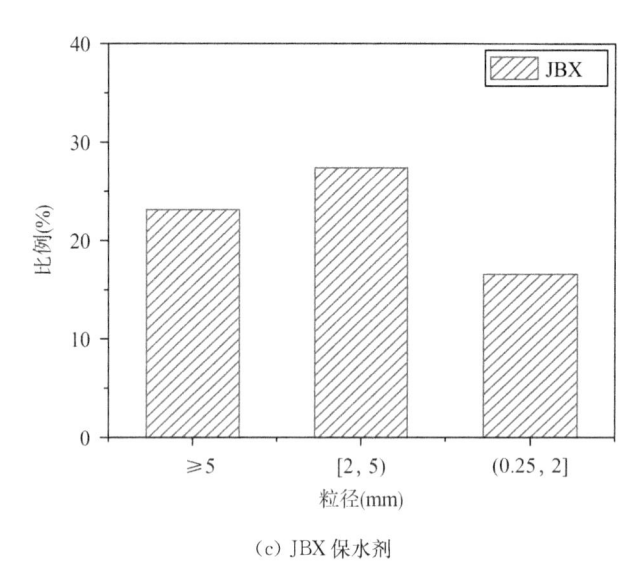

图 4.11 保水剂的团聚特性

这些较小的颗粒更容易被分散或填充到更大的颗粒间隙中,从而降低了它们在最终混合物中的相对比例。

进一步研究保水剂的吸水能力、保水能力对不同团聚粒径范围的影响,并绘制吸水能力与粒径范围、保水能力与粒径范围的关系曲线,结果如图 4.12、图 4.13 所示。

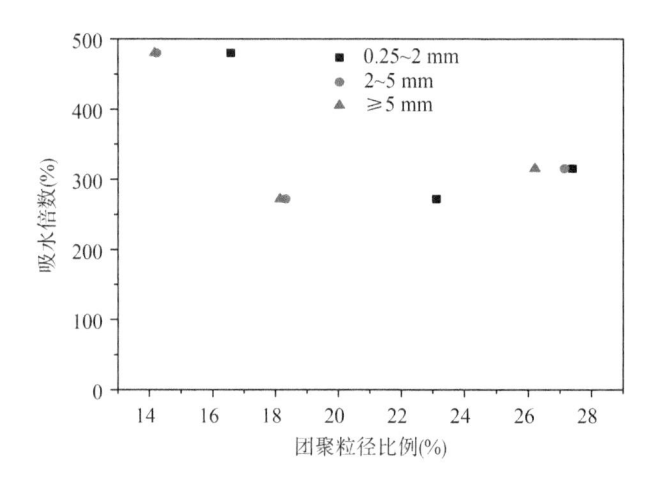

图 4.12 吸水倍数与团聚粒径关系

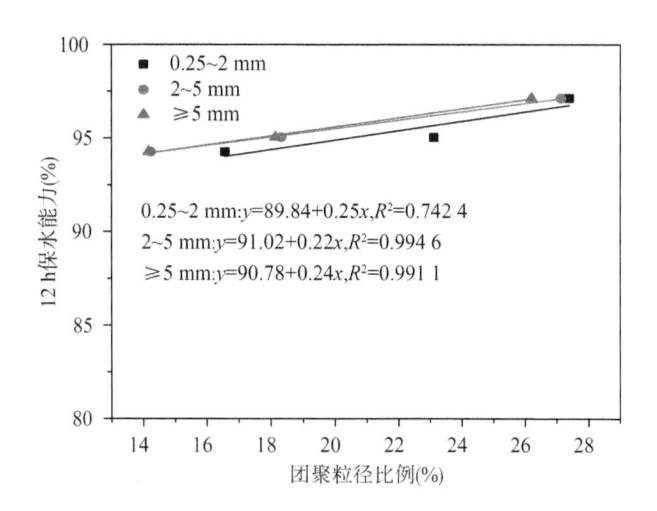

图 4.13　保水能力与团聚粒径关系

0.25~2 mm: $y=89.84+0.25x, R^2=0.742\ 4$
2~5 mm: $y=91.02+0.22x, R^2=0.994\ 6$
≥5 mm: $y=90.78+0.24x, R^2=0.991\ 1$

从图 4.12 和图 4.13 可以看出，三种保水剂的吸水倍数与植生混凝土的团聚体粒径范围之间没有明显的对应关系。这表明，保水剂的吸水能力对植生混凝土的团聚特性影响不大，对团聚体的形成和稳定性贡献有限。三种保水剂在 12 h 内的持水能力与植生混凝土的团聚体粒径范围呈现出良好的线性关系。这说明，保水剂的保水能力与植生混凝土的团聚特性密切相关。

保水能力强的保水剂能够长时间保持水分，为颗粒间的结合提供有利条件，促进形成更大、更稳定的团聚体。持续的水分存在不仅增强了颗粒之间的黏结力，还促进了水泥的水化反应，从而提高了团聚体的强度和稳定性。因此，在选择用于植生混凝土的保水剂时，不仅要关注其吸水倍数，更要重视其保水能力。

综上研究，三种保水剂（JBW、JAW、JBX）在纯水中的吸水能力有所不同，其中聚丙烯酸盐型的 JBX 保水剂表现出最强的吸水能力，其吸水倍数达到 480 倍。在保水能力方面，尽管三种材料在 72 h 后的保水率均超过 50%，但聚丙烯酸/无机矿物型 JBW 保水剂在长时间内表现出最高的保水能力。加入三种保水剂后，植生混凝土的团聚颗粒主要分布在 2~5 mm 范围内，其次是≥5 mm 和 0.25~2 mm 范围。这表明保水剂在混合过程中与水泥、砂等其他材料形成了特殊的物理或化学结合，促进了这一尺寸范围内的团聚体形成。保水剂的吸水倍数与植生混凝土团聚粒径范围没有明确的对应关系，而保水剂的 12 h 保水能力与团聚粒径范围存在良好的线性关系。这说明保水剂的保水能力对植生混凝土的团聚特性有显著影响，保水能力强的材料能够促进更大、更稳定的团聚体形成,从而提高植生混凝土的力学性能、透水性和保水性。

4.4 植生混凝土肥效演化规律

4.4.1 肥效演化规律概述

植生混凝土是一种将植被种子、土壤改良剂、肥料等材料与混凝土基质结合,用于生态恢复和边坡绿化的复合材料。其肥效演化规律直接影响植被的生长效果和稳定性,是研究植生混凝土生态性能的重要环节。

植生混凝土中肥效的演化规律主要由肥料的释放特性、环境因素以及植被对养分的吸收动态决定。通常情况下,肥效的演化可分为以下几个阶段。

(1) 养分快速释放期

在植生混凝土初始阶段,基质中的肥料因浇水或降雨的作用,部分养分迅速溶解并释放到基质中。这一阶段持续时间较短,通常为1~3个月,提供植物早期生长所需的充足养分。然而,过快的养分释放可能导致养分流失,尤其是在降雨较频繁的地区,需通过添加缓释肥料或调整混凝土配方来控制释放速率。

(2) 养分平稳供应期

随着植生混凝土内部养分释放达到动态平衡,肥效进入平稳供应期。这一阶段通常在植被生长的关键时期(如幼苗期和生长旺盛期)持续几个月。缓释肥料或有机肥在此阶段起主要作用,其缓慢分解为植物提供持续的养分供应。此时,肥效受环境温湿度、基质微生物活性和植物吸收效率的综合影响。

(3) 养分衰减期

随着肥料的逐步耗尽和降解,植生混凝土的肥效逐渐下降,养分供给趋于不足,植被生长可能受到抑制。此阶段通常出现在施工后6~12个月,具体时间取决于肥料种类及用量。为了延长肥效周期,可通过后期追肥或补充有机覆盖材料等措施提高基质养分水平。

影响植生混凝土肥效演化的外部因素包括降雨、温度、微生物活动及边坡的水土保持能力。降雨过多可能导致肥料流失,而温度和微生物活性则决定了养分分解和释放的速率。合理选择肥料种类(如控释肥、有机肥)及优化配方设计,可有效调控肥效释放规律,提高植生混凝土的长期生态功能。

4.4.2 养分测定方法

氮、磷、钾是植物生长发育所必需的三大营养元素,其含量直接影响植被的生长状态和生态系统的稳定性。氮含量是反映其养分供给能力的重要指标,准确测定氮含量对于土壤对植物生长的支持作用具有重要意义。磷作为植物生长发育所需的关键元素之一,参与构成植物体内多种重要化合物,其含量反映了土壤中磷的储量及供应能力,对植物根系发育和能量代谢具有重要作用。钾是植物体内水分代谢和酶活性调控的核心元素,土壤中的速效钾含量则直接决定了植物对钾素的快速吸收能力。本研究重点对植生混凝土的氮、磷、钾和有机质测定。

(1) 植生混凝土有效磷测定

首先通过配制磷酸标准溶液绘制标准曲线,分别吸取 0.00 mL、0.50 mL、1.00 mL、2.00 mL、3.00 mL、4.00 mL、5.00 mL 磷酸标准溶液至 25 mL 容量瓶中,加入 10 mL 碳酸氢钠浸提剂和 5 mL 钼锑抗显色剂,充分混匀后排除二氧化碳,用蒸馏水定容至刻度,制得浓度分别为 0.00 mg/L、0.10 mg/L、0.20 mg/L、0.40 mg/L、0.60 mg/L、0.80 mg/L、1.00 mg/L 的标准溶液,静置 30 min 后,在 880 nm 波长下测定吸光度值,以吸光度为纵坐标、磷酸浓度为横坐标绘制标准曲线。随后,称取 2.5 g 风干土壤样品置于 250 mL 锥形瓶中,加入 50 mL 碳酸氢钠浸提剂,震荡 30 min 后用无磷滤纸过滤,吸取 10 mL 滤液至 50 mL 容量瓶中,加入 5 mL 钼锑抗显色剂,排除二氧化碳后加入 10 mL 蒸馏水混匀并定容至刻度,同时配制空白对照样品。样品静置 30 min 后,在 880 nm 波长下测定吸光度值,根据标准曲线方程计算植生混凝土样品的有效磷含量。

(2) 植生混凝土硝态氮测定

称取 20 g 植生混凝土样品置于 50 mL 塑料离心管中,加入 20 mL 去离子水,按照 1:1 的水土比进行浸提。将样品在振荡器上振荡 30 min 后,置于高速离心机中以 8 000 r/min 离心 15 min。离心后的上清液通过 0.44 μm 水系滤膜过滤,完成样品提取液的制备。随后,取 5 mL 提取液,用校准后的 pH 计测定样品的 pH。测定硝酸盐含量时,要将硝酸盐试纸条下端浸入样品提取液中,使试纸条充分湿润后,轻轻摇动加速干燥,将干燥后的试纸条插入反射仪的试纸条插口中进行读数,并记录硝酸盐含量的测定结果。

(3) 植生混凝土速效钾测定

称取 20 g 植生混凝土样品置于 50 mL 塑料离心管中,加入 20 mL 去离子水,按照1∶1的水土比进行浸提。将样品在振荡器上振荡30 min后,置于高速离心机中以8 000 r/min 离心 15 min。离心后的上清液通过 0.44 μm 水系滤膜过滤,完成样品提取液的制备。从制备完成的提取液中取 5 mL 置于离心管中,加入四苯基硼酸钠试剂,充分混合后静置反应 5 min,再使用涡旋混合器混匀10 s。随后,将钾离子试纸条下端浸入待测溶液中,确保试纸条充分湿润后取出,用人工摇动方式加速干燥。将干燥的试纸条插入反射仪试纸插口中读取数据,并记录实验结果。

(4) 植生混凝土有机质测定

称取 0.05~0.5 g 植生混凝土样品放入消化管中,加入 0.4 mol/L 重铬酸钾-硫酸溶液,摇匀后置于消化炉中,在 170 ℃下消煮 10 min。消煮完成后冷却至室温,将消化管内的溶液无损转移至 250 mL 锥形瓶中,用蒸馏水冲洗消化管,并将冲洗液倒入锥形瓶中,控制锥形瓶内溶液总体积在 60~70 mL。随后,向锥形瓶中加入 5 滴邻菲罗啉指示剂,用硫酸亚铁标准溶液滴定剩余的重铬酸钾,滴定至溶液最终呈现棕红色为终点。空白对照使用二氧化硅代替植生混凝土样品。

4.4.3 植生混凝土养分规律

按照上述方法分别对原始土壤、植生混凝土开展有效磷、硝态氮、速效钾和有机质的测定,对原始土壤和植生混凝土制备后浇水养生一次,而后按照 7 d 浇水一次,测定其 1 d,7 d,14 d,28 d 的养分情况。

(1) 植生混凝土有效磷

图 4.14 为原始土壤、植生混凝土有效磷随时间变化的规律。通过图 4.14 可以看出,植生混凝土在不同龄期的有效磷释放呈现出"快速上升—显著下降—逐渐平稳"的动态变化特性,反映出其独特的磷素释放能力及缓释特性。

原始土壤的有效磷含量为 29 mg/kg,而植生混凝土在 1 d 龄期有效磷含量显著上升至 84 mg/kg,较原始土壤增加了 189.7%。初期有效磷的大幅增加,主要得益于植生混凝土材料中速效磷源(有机肥)的溶解释放。在 7 d 龄期,有效磷含量下降至 58 mg/kg,较 1 d 龄期减少了 31.0%。这一阶段的下降可能是由于植生混凝土中的磷被初期植被和微生物群落吸收利用,且部分磷在养护过程中发生淋溶流失,或与基质中的钙、镁、铁离子发生反应生成难溶性磷酸盐沉淀,导致有效磷含量减少。至 14 d 龄期,有效磷含量进一步下降至 54 mg/kg,下降幅度明显减缓,表明植生混凝土从速效磷释放逐渐过渡到缓释阶段,内部缓释磷源开始分解并释放有效磷。同时,植生混凝土中的植被和微生物吸收速率趋于

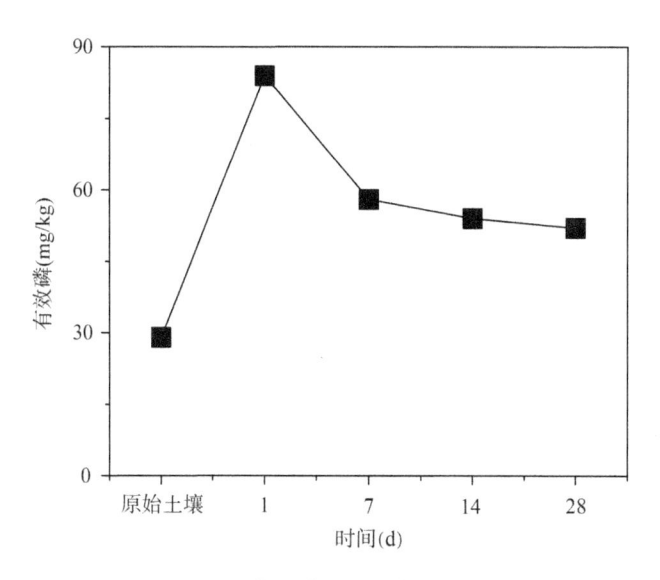

图 4.14 有效磷随时间变化的规律

平衡,有效磷消耗速度减缓。至 28 d 龄期,有效磷下降至 52 mg/kg,含量趋于稳定,释放进入稳定缓释阶段。

(2) 植生混凝土硝态氮

图 4.15 为原始土壤、植生混凝土硝态氮随时间变化的规律。通过对原始土壤及植生混凝土在不同龄期硝态氮含量的测定,能够直观地反映植生混凝土在养护过程中硝态氮的动态变化规律。

实验结果显示,原始土壤的硝态氮含量为 25.8 mg/kg,而植生混凝土在 1 d 龄期的硝态氮含量显著提高至 78.3 mg/kg,较原始土壤增加了 203.5%。这一现象表明,植生混凝土在制作完成后的初期阶段具有显著的硝态氮释放能力。这可能与植生混凝土的材料组成有关,其中掺入的速效氮源(营养肥)为硝态氮的积累提供了充足的基础,氨态氮通过硝化作用转化为硝态氮的速率加快,促进了初期硝态氮含量的大幅升高。在 7 d 龄期,植生混凝土的硝态氮含量略微下降至 76.5 mg/kg,较 1 d 龄期减少了 2.3%。这一变化表明,在 1~7 d 龄期内,植生混凝土的硝态氮释放与消耗之间逐渐趋于平衡。一方面,材料中未完全转化的氨态氮可能继续发生硝化反应从而生成硝态氮;另一方面,硝态氮作为植生混凝土中最易被植物吸收的氮素形式,被植被初期生长所利用,导致其含量出现小幅波动。此外,在养护过程中部分溶解于水的硝态氮可能通过淋溶作用流失至外部环境。

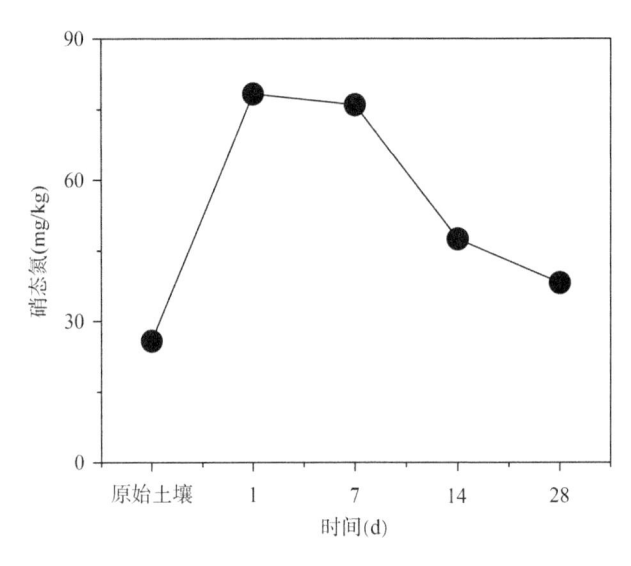

图 4.15　硝态氮随时间变化的规律

随着养护时间延长至 14 d,植生混凝土的硝态氮含量大幅下降至 47.5 mg/kg,较 7 d 龄期减少了 37.9%。这种下降可能是多重因素共同作用的结果,首先,植生混凝土中易释放的速效氮源已经基本耗尽,导致硝态氮的供应速率明显降低;其次,随着植被根系的进一步发育和微生物活性的增强,硝态氮的吸收和利用速率加快,进一步加剧了其含量的下降;最后,在长时间的湿润养护条件下,硝态氮可能发生反硝化作用,被还原为气态氮逸散至大气中,从而进一步减少其浓度。

至 28 d 龄期,植生混凝土的硝态氮含量继续下降至 38.2 mg/kg,较 14 d 龄期减少了 19.6%。这一阶段硝态氮含量的下降趋势进一步得到延续,表明植生混凝土的养分释放逐渐进入后期阶段,整体释放速率趋于减缓。这可能与植生混凝土中缓释氮源材料的逐步消耗有关。在此阶段,植生混凝土中残存的氮源材料可能需要更长时间才能通过分解和硝化作用释放出硝态氮,而植被根系和微生物群落对硝态氮的持续吸收利用进一步加剧了其含量的下降。

(3) 植生混凝土速效钾

图 4.16 为原始土壤、植生混凝土速效钾随时间变化的规律。结果显示,原始土壤的速效钾含量为 60.5 mg/kg,而植生混凝土速效钾含量在 1 d 龄期为 215 mg/kg、7 d 龄期为 200 mg/kg、14 d 龄期为 180 mg/kg、28 d 龄期为 175 mg/kg。

在 1 d 龄期,植生混凝土的速效钾含量显著提高至 215 mg/kg,较原始土壤增加了约 255.4%。这种显著增加主要是由于植生混凝土中掺入了富含钾的肥

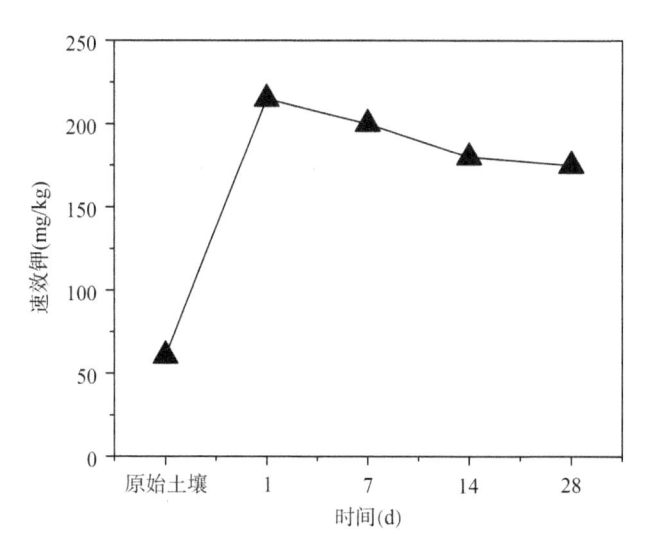

图 4.16 速效钾随时间变化的规律

料,使速效钾在初期阶段大量释放,为植物提供充足的养分,促进了植物的早期生长。在 7 d 龄期,速效钾含量下降至 200 mg/kg,较 1 d 龄期减少了约 7%。速效钾含量下降可能是由于部分速效钾被植物吸收利用及通过淋溶作用流失。在 14 d 龄期,速效钾含量下降至 180 mg/kg,较 7 d 龄期减少了约 10%。该阶段下降趋势表明,随着时间的推移,植生混凝土中的速效钾释放速率逐渐减缓,植物对钾的吸收利用增加。

植生混凝土的速效钾含量在初期显著增加,随后逐渐减少并趋于稳定。表明植生混凝土在早期能够提供充足的速效钾,为植物生长提供必要的养分支持,但随着时间的延长,速效钾的释放和消耗逐渐趋于平衡。为维持植物的健康生长,建议在后期适时补充速效钾,以确保植物能够持续获得必要的钾营养,保障其生长需求。

(4) 植生混凝土有机质

图 4.17 为原始土壤、植生混凝土有机质随时间变化的规律。原始土壤的有机质含量为 8.5 mg/kg,而植生混凝土在不同龄期的有机质含量分别为 1 d 龄期的 32.6 mg/kg、7 d 龄期的 28.5 mg/kg、14 d 龄期的 27.3 mg/kg 和 28 d 龄期的 27.0 mg/kg。

从图 4.17 可知,在 1 d 龄期,植生混凝土的有机质含量显著提高至 32.6 mg/kg,较原始土壤增加了约 283.5%。在 7 d 龄期,有机质含量下降至

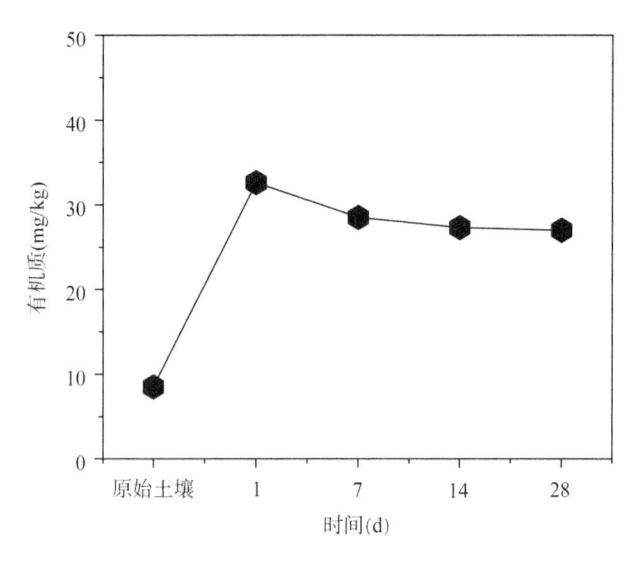

图 4.17 有机质随时间变化的规律

28.5 mg/kg,较 1 d 龄期减少了约 12.6%。初期快速释放的有机质在环境中逐渐被消耗,导致有机质含量减少。在 14 d 龄期,有机质含量进一步下降至 27.3 mg/kg,较 7 d 龄期减少了约 4.2%。随着时间的推移,植生混凝土中的有机质分解速率逐渐减缓,至 28 d 龄期,有机质含量略微下降至 27.0 mg/kg,较 14 d 龄期减少了约 1.1%。这一变化表明,在 14 d 至 28 d 龄期内,植生混凝土中的有机质含量趋于稳定,分解和消耗速率逐渐平衡。

4.5 小结

① 本章对植生混凝土的基材组分及其功能、原材料、配合比设计原则及设计组成等进行了归纳总结。

② 三种保水剂在纯水中的吸水能力不同,JBX 保水剂的吸水倍数最高,原因为其独特的化学结构和三维交联网络,能够有效捕捉和保持水分。

③ 植生混凝土的团聚颗粒主要分布在 2~5 mm 范围内,保水剂有效促进了团聚体的形成,增强了混凝土的结构稳定性,保水能力与团聚特性具有相关性。

④ 植生混凝土在不同龄期的有效磷、硝态氮、速效钾、有机质等释放特性表现为"快速上升—显著下降—逐渐平稳"的趋势。植生混凝土在养护初期具有显著的养分释放能力,随着时间推移,有机质含量逐渐下降。

第五章

植生混凝土降碱措施及强度性能研究

植生混凝土由于水泥水化产生高碱性环境,不利于植物生长,因此需要采取一些降碱措施。本章旨在探讨植生混凝土碱度的来源,评估各种降碱方法的有效性,并分析降碱后对混凝土抗压强度的影响。首先,详细探讨水泥水化过程中生成的碱性物质及其对碱度的影响。其次,介绍多种降碱方法,包括添加矿物质填充料、使用低碱水泥、添加酸性物质和生物降碱技术。再次,通过 pH 测定评估各种降碱方法的效果。最后,开展植生混凝土抗压强度的研究。

5.1 碱度来源及降碱方法

5.1.1 碱度来源

植生混凝土作为一种支持植物生长的创新建筑材料,其成功的关键在于对碱度的有效控制。由于植生混凝土中含有水泥作为主要的胶凝材料,水泥水化过程中不可避免地会产生大量的碱性物质。普通的硅酸盐水泥由硅酸三钙(C_3S)、硅酸二钙(C_2S)、铝酸三钙(C_3A)、铁铝酸四钙(C_4AF)组成,其在常温条件下与水发生的水化反应如下。

① 常温条件下,C_3S 的水化反应式为:

$$3CaO \cdot SiO_2 + nH_2O \longrightarrow xCaO \cdot SiO_2 \cdot yH_2O + (3-x)Ca(OH)_2 \quad (5.1)$$

② 常温条件下,C_2S 的水化反应式为:

$$2CaO \cdot SiO_2 + nH_2O \longrightarrow xCaO \cdot SiO_2 \cdot yH_2O + (2-x)Ca(OH)_2 \quad (5.2)$$

③ 常温条件下,C_3A 的水化反应式为:

$$2(3CaO \cdot Al_2O_3) + 27H_2O \longrightarrow 4CaO \cdot Al_2O_3 \cdot 19H_2O + 2CaO \cdot Al_2O_3 \cdot 8H_2O \quad (5.3)$$

④ 常温条件下,C_4AF 的水化反应与 C_3A 相似,在有石膏存在时,生成 AFt 和 AFm。

从以上反应公式可以看出,碱性物质的生成是水泥与水发生化学反应的必然结果,其总量占水泥固体总量的 20%~25%。这些碱性物质的存在形式多样,一部分以稳定的结晶形态存在于水泥水化产物(即胶凝材料)中,而另一部分则以可溶性离子的形式存在于混凝土孔隙溶液中。可溶性碱主要是氢氧化钠(NaOH)、氢氧化钾(KOH)等,是导致植生混凝土内部环境呈现高碱性的主要原因。这些可溶性碱在孔隙溶液中解离出氢氧根离子 OH^-,使得孔隙溶液的 pH 升高,通常可达 12.5 甚至更高。这种高碱度环境对于大多数植物的生长而言是极为不利的。

高碱度会破坏植物根系细胞的正常生理功能,导致植物根系受损,影响植物对水分和养分的吸收,进而抑制植物的生长,甚至导致植物死亡。因此需要对植生混凝土开展降碱处理,并应符合以下原则。

首先,满足植物生长所需的土壤条件。植生混凝土的 pH 是确保植物正常生长的最关键指标,pH 应控制在适宜植物生长的范围内,避免过高或过低的碱度对植物造成不利影响。

其次,确保降碱效果的长期稳定性。由于水泥水化是一个持续的过程,碱性物质会不断析出,因此所有的降碱措施必须能够有效应对这一过程,确保降碱效果的长期稳定。这要求降碱措施不仅在短期内有效,而且在长期使用过程中仍能保持其有效性,防止 pH 回升。

最后,使用环保无毒的降碱材料。降碱原材料的选择必须符合环保要求,确保无毒无害,不会对生态环境产生负面影响。应优先选择天然、可再生、对环境友好的材料,避免使用对环境有潜在危害的化学物质。

5.1.2 降碱方法

降低植生混凝土内部孔隙碱性是确保植物在其内部良好生长的关键环节。目前,针对植生混凝土孔隙碱性控制的研究方法主要有三种:化学降碱法、物理降碱法和农艺降碱法。

(1) 化学降碱法

化学降碱法的核心在于调控植生混凝土内部碱性物质的生成与转化。由于植生混凝土中普通硅酸盐水泥的主要矿物组分(C_3S、C_2S)在水化过程中会生成大量以 $Ca(OH)_2$ 为主的可溶性碱,导致孔隙溶液 pH 升高,对植物生长产生不利影响。因此,化学降碱方法主要通过引入化学物质与这些可溶性碱发生反应,将其转化为低溶解度或对植物无害的物质,从而降低孔隙溶液的 pH。该方法具有操作简便、反应迅速、效果明显的优点。

然而,在实际应用中,需要综合考虑化学降碱剂对混凝土结构性能和植物生长两方面的影响。一方面,降碱剂的引入不应降低混凝土的强度和耐久性;另一方面,降碱剂及其反应产物应对植物无毒无害,且不会对植物生长环境造成二次污染。目前常用的化学降碱剂包括磷酸二氢钙、磷酸二氢钾。这些磷酸盐类物质能够与 $Ca(OH)_2$ 反应生成溶解度较低的磷酸钙或磷酸钾沉淀,有效降低孔隙溶液中氢氧根离子的浓度,从而达到降低碱性的目的。此外,有机酸如柠檬酸、酒石酸等也被研究用于植生混凝土的降碱。

(2) 物理降碱法

物理降碱方法旨在通过物理手段阻隔或延缓植生混凝土内部碱性物质向孔隙溶液中迁移,从而降低孔隙溶液的碱性。其主要思路是在植生混凝土表面或孔隙壁形成一层致密、均匀且具有良好耐久性的薄膜,以抑制可溶性碱性物质的析出,并隔离其与孔隙内部植生基材的接触。

在选择物理降碱材料时,需重点考虑其分散性、抗氧化性、耐久性以及与混凝土基体的黏结性能。目前,研究者们更倾向于选择经济性和操作性更好的材料,如硅烷浸渍剂、石蜡等。硅烷浸渍剂通过渗透到混凝土表层,与其中的硅酸盐发生反应,形成憎水层,从而有效阻止水分和碱性物质的迁移;石蜡则通过在孔隙壁形成疏水薄膜,起到类似的作用。此外,一些新型的纳米材料也被用于改善混凝土孔隙结构,降低碱性物质的迁移速率,但其长期效果和作用机理仍有待深入研究。

(3) 农艺降碱法

农艺降碱法侧重于通过改良植生基材的化学性质,使其具备一定的碱性缓冲能力,从而中和植生混凝土孔隙内不断析出的可溶性碱性物质,为植物生长创造一个相对稳定的弱碱性环境。该方法通常通过在植生基材中添加具有缓冲能力的农用化学品或天然矿物来实现。

常用的碱性缓冲材料包括碳酸氢铵、硫酸亚铁等。碳酸氢铵在土壤中分解产生的铵离子可与氢氧根离子结合生成氨水,从而降低溶液的碱性;硫酸亚铁在碱性条件下发生水解反应,生成氢氧化铁沉淀,并消耗部分氢氧根离子。此外,一些天然矿物如泥炭、腐殖土等也具有一定的碱性缓冲能力,可被添加到植生基材中以改善其理化性质。农艺降碱方法具有成本较低、操作简便、环境友好等优点。

5.2 植生混凝土降碱效果评价

5.2.1 降碱原材料

本次研究分别选用硫酸铝、腐殖酸、绿矾、过磷酸钙,降低植生混凝土的碱度,其材料比例均为水泥用量的50%,水泥用量控制在植生混凝土的3.5%。所用降碱材料如图5.1所示。

技术指标分别如表5.1～5.4所示。

植生混凝土的碱性通过测定浸出液的pH来判定,首先取不同降碱方式下的任一组试块,称取100 g,加500 mL的水,每隔12 h搅拌一次,分步测定其放置3 d、6 d、9 d后的浸出液pH,效果对比如表5.5所示。

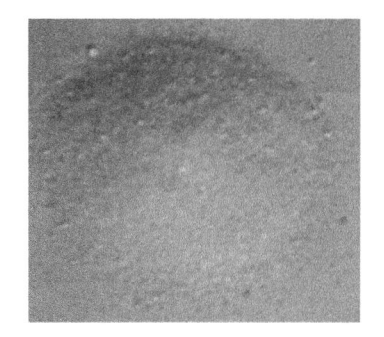

(a)硫酸铝　　　　　　　　(b)腐殖酸

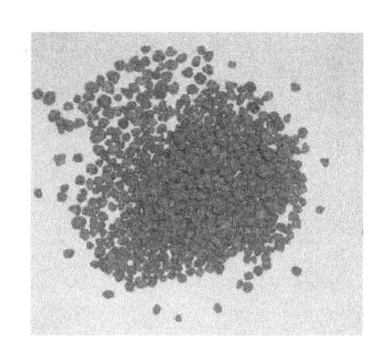

(c)绿矾　　　　　　　　　(d)过磷酸钙

图 5.1　研究所用四种降碱材料

表 5.1　硫酸铝技术指标

项目	单位	结果
Al_2O_3	%	16.5
pH	—	3.2
水不溶物	%	0.12

表 5.2　腐殖酸技术指标

项目	单位	结果
腐殖酸和黄腐酸总量	%	66.4
总氮	%	2.8
硝态氮	%	1.8
pH	—	2.5
游离硝酸	%	0.3

表 5.3 绿矾技术指标

项目	单位	结果
硫酸亚铁（$FeSO_4 \cdot 7H_2O$）	%	90.0
二氧化钛（TiO_2）	%	0.75
水不溶物	%	0.5

表 5.4 过磷酸钙技术指标

项目	单位	结果
有效磷（P_2O_5）	%	15.5
游离磷（H_3PO_4）	%	4.2
水分质量分散	%	7.4
粒度（1～4.75 mm）	%	89

表 5.5 不同降碱措施 pH 对比

时间(d)	未处理	硫酸铝	腐殖酸	绿矾	过磷酸钙
0	11.24	7.19	7.28	7.30	7.46
3	12.11	8.40	8.62	10.47	11.19
6	12.26	8.17	8.30	10.17	10.65
9	11.26	7.82	8.03	10.09	10.49

5.2.2 同一时间降碱材料作用规律

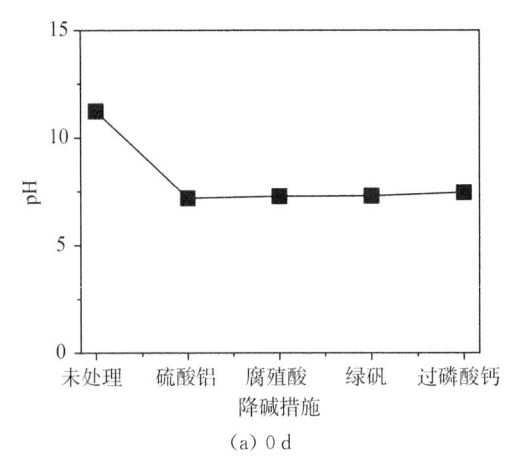

本研究得出了同一时间四种降碱措施对植生混凝土碱性的影响规律，其结果如图 5.2 所示。

(a) 0 d

(b) 3 d

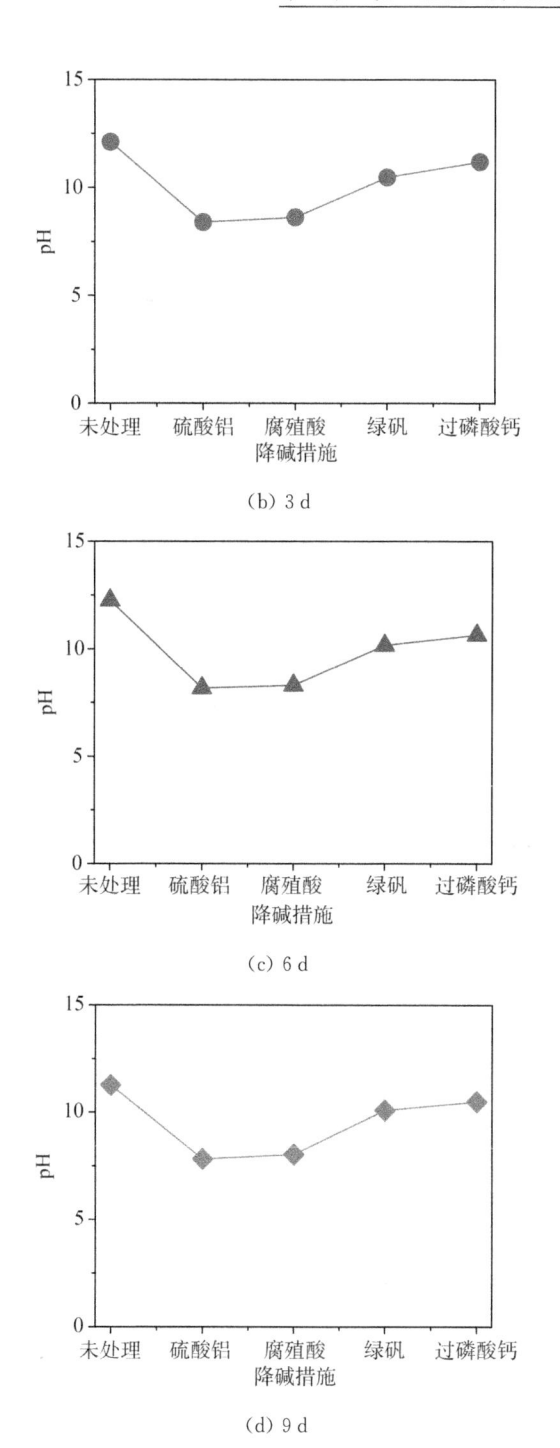

(c) 6 d

(d) 9 d

图 5.2 同一时间内不同降碱措施对植生混凝土碱性的影响规律

① 在 0 d 时,即刚加入降碱材料与水混合后,各组试件的 pH 呈现出显著差异。从未处理的植生混凝土来看,其 pH 高达 11.24,表明水泥水化初期已释放出大量的氢氧根离子(OH^-),体系呈现强碱性。然而,添加了降碱材料的植生混凝土试件,其 pH 均显著降低,处于 7.19~7.46 的近中性范围。具体而言,硫酸铝处理组的 pH 为 7.19,腐殖酸处理组为 7.28,绿矾处理组为 7.30,过磷酸钙处理组为 7.46。这表明在初始阶段,四种降碱材料均能有效降低体系的碱性。这种降碱效果主要归因于两个方面:一是降碱材料本身具有一定的酸性,可以直接中和部分 OH^-;二是降碱材料可能与水泥颗粒表面发生快速反应,消耗部分 OH^-,从而降低体系的碱性。此时,四种降碱材料的降碱效果差异不大,均能将 pH 控制在接近中性的水平。

② 在 3 d 时,随着水泥水化反应的进行,各组试件的 pH 均有所升高,但不同降碱材料处理组的 pH 差异显著。未处理的植生混凝土试件 pH 迅速上升至 12.11,达到峰值,表明水泥水化反应进入快速发展阶段,OH^- 浓度持续增加。此时,各组试件的 pH 从低到高依次为:硫酸铝(8.40)<腐殖酸(8.62)<绿矾(10.47)<过磷酸钙(11.19)<未处理(12.11)。这一结果清晰地表明,在早期(3 d)阶段,硫酸铝和腐殖酸对植生混凝土碱性的抑制效果最为显著,能够将 pH 控制在较低水平,有效延缓了水泥水化过程中 OH^- 浓度的快速上升。这可能是由于硫酸铝和腐殖酸与水泥水化产物 $Ca(OH)_2$ 反应生成了难溶性的盐类,从而有效降低了体系中游离 OH^- 的浓度。相比之下,绿矾和过磷酸钙的降碱效果相对较弱,未能有效抑制水泥水化早期 OH^- 浓度的快速上升,这可能是由于绿矾和过磷酸钙与 $Ca(OH)_2$ 的反应速率较慢或反应产物对 OH^- 的固定能力较弱。

③ 在 6 d 时,各组试件的 pH 变化趋势有所不同。未处理的植生混凝土试件 pH 达到最大值 12.26,表明水泥水化反应仍在持续进行,OH^- 浓度维持在较高水平。此时,各组试件的 pH 排序与 3 d 时相同,但 pH 差异略有减小,具体为:硫酸铝(8.17)<腐殖酸(8.30)<绿矾(10.17)<过磷酸钙(10.65)<未处理(12.26)。这表明,随着水化反应的进行,不同降碱材料对植生混凝土碱性的影响逐渐趋于稳定,但硫酸铝和腐殖酸的降碱效果始终优于绿矾和过磷酸钙。硫酸铝和腐殖酸处理组的 pH 较 3 d 时略有下降,表明这两种降碱材料与水泥水化产物的反应仍在持续进行,并逐渐占据主导地位,使得体系的碱性得到进一步的控制。绿矾和过磷酸钙处理组的 pH 也略有下降,但降幅较小,表明这两种降碱材料的降碱效果相对有限。

④ 在 9 d 时,各组试件的 pH 变化趋势进一步趋于稳定。未处理的植生混凝土试件 pH 略有下降,为 11.26,但仍维持在较高水平,表明水泥水化后期 OH^- 释放速率减缓,但体系仍处于强碱性环境。此时,各组试件的 pH 排序与 3 d 和 6 d 时相同,分别为:硫酸铝(7.82)<腐殖酸(8.03)<绿矾(10.09)<过磷酸钙(10.49)<未处理(11.26)。与 6 d 相比,各组试件的 pH 变化幅度均较小,表明不同降碱材料对植生混凝土碱性的影响已基本趋于稳定。硫酸铝和腐殖酸处理组的 pH 继续缓慢下降,分别降至 7.82 和 8.03,接近中性,这进一步证实了这两种降碱材料在实验时间内具有长期降低植生混凝土碱性的能力。绿矾和过磷酸钙处理组的 pH 也略有下降,但降幅较小,分别维持在 10.09 和 10.49,仍处于较高碱性水平。

综合以上时间点的分析结果,可以清晰地看出不同降碱材料对植生混凝土碱性作用规律的差异。硫酸铝和腐殖酸在早期就能有效抑制植生混凝土碱性的升高,并在后期持续降低体系碱性,使其长期处于较低水平,表现出优异的降碱性能。而绿矾和过磷酸钙虽然在早期也能降低体系碱性,但其降碱效果相对较弱,难以有效控制植生混凝土的碱性。

5.2.3 降碱材料在不同时间作用规律

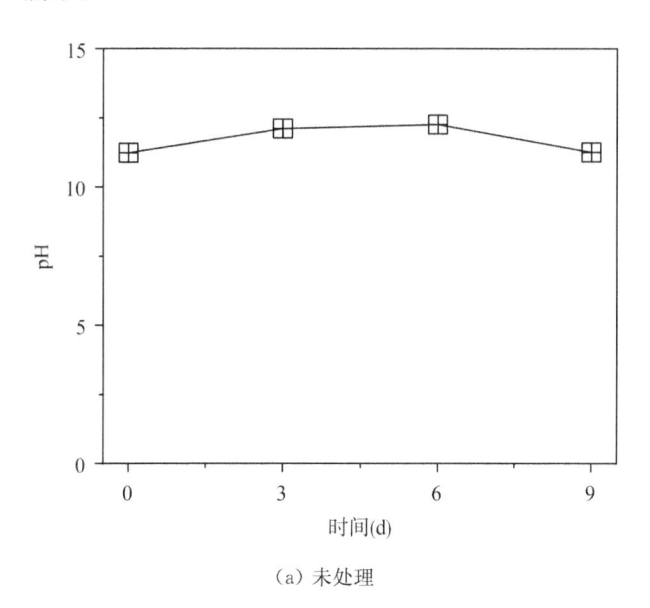

本研究得出了四种降碱措施对植生混凝土碱性的影响随时间演变的规律,结果如图 5.3 所示。

(a) 未处理

(b) 硫酸铝

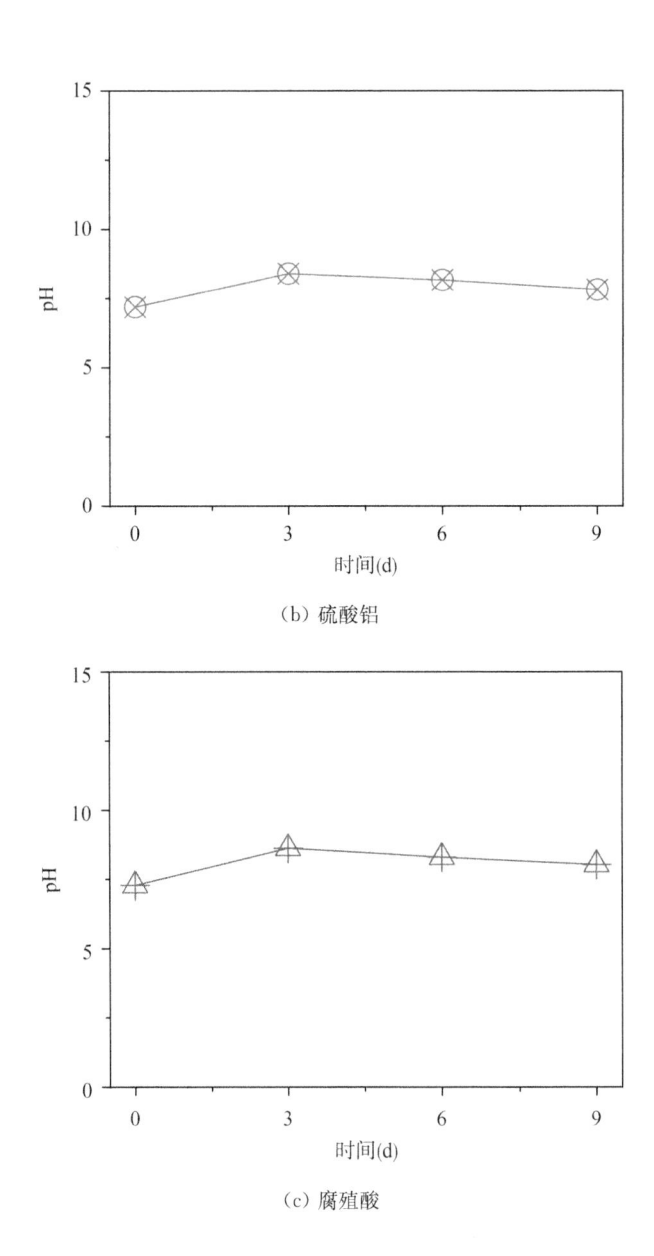

(c) 腐殖酸

(d)绿矾

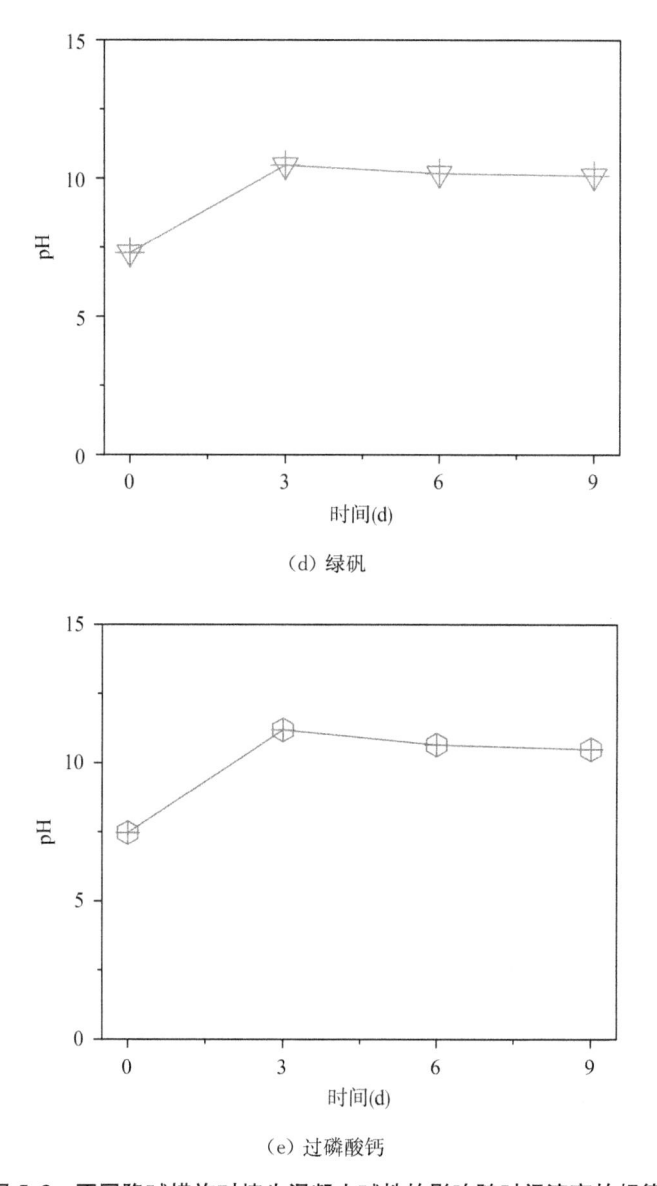

(e)过磷酸钙

图5.3 不同降碱措施对植生混凝土碱性的影响随时间演变的规律

① 添加硫酸铝的植生混凝土的 pH 在 0~3 d 内迅速升高，从 7.19 升高至 8.40，表明硫酸铝与水泥水化产物反应所消耗 OH^- 的速度小于水泥水化释放 OH^- 的速度，导致体系碱性有所升高。但在 3~9 d 内，pH 持续下降，从 8.40 下降至 7.82，表明硫酸铝与水泥水化产物的反应持续进行，且反应速率逐渐超过水泥水化释放 OH^- 的速率，从而有效降低了体系的碱性。这表明硫酸铝不仅能抑制早期碱性，还能在后期持续降低体系碱性，使其长期处于较低的碱性水平。

② 添加腐殖酸的植生混凝土的 pH 变化规律与硫酸铝组相似，在 0~3 d 内 pH 升高，从 7.28 升高至 8.62，在 3~9 d 内 pH 持续下降，从 8.62 下降至 8.03。这表明腐殖酸也具有抑制早期碱性和长期降低碱性的双重作用。与硫酸铝相比，腐殖酸的降碱效果略逊一筹，这可能是由于腐殖酸与水泥水化产物的反应速率或反应产物的稳定性不如硫酸铝。

③ 添加绿矾的植生混凝土的 pH 在 0~3 d 内大幅升高，从 7.30 升高至 10.47，表明绿矾对早期碱性的抑制效果较差。在 3~9 d 内，pH 缓慢下降，从 10.47 下降至 10.09，表明绿矾在后期也能在一定程度上降低体系碱性，但降碱效果有限。这可能是由于绿矾与水泥水化产物的反应速率较慢或反应产物对 OH^- 的固定能力较弱，导致体系碱性难以持续降低。

④ 添加过磷酸钙的植生混凝土的 pH 变化规律与绿矾组相似，在 0~3 d 内大幅升高，从 7.46 升高至 11.19，在 3~9 d 内缓慢下降，从 11.19 下降至 10.49。这表明过磷酸钙对早期碱性的抑制效果也较差，且长期降碱效果有限。过磷酸钙的降碱效果略逊于绿矾，这可能是由于过磷酸钙与水泥水化产物的反应活性较低或反应产物对 OH^- 的固定能力较弱。

⑤ 未处理的植生混凝土的 pH 在 0~6 d 内持续升高，从 11.24 升高至 12.26，表明水泥水化反应持续释放 OH^-，导致体系碱性不断增强。在 6~9 d 内，pH 略有下降，但仍维持在较高水平，表明水泥水化后期 OH^- 释放速率减缓，但体系仍处于强碱性环境。这与水泥水化反应的规律相符，即早期水化反应速率快，后期水化反应速率减缓。

综上，各组试件的 pH 随时间变化的规律也表明，水泥水化反应是影响植生混凝土碱性的主要因素。在水泥水化早期，OH^- 释放速率快，体系碱性迅速升高；在水泥水化后期，OH^- 释放速率减缓，体系碱性趋于稳定。降碱材料的作用在于通过与水泥水化产物反应消耗 OH^-，从而降低体系的碱性。因此，选择合适的降碱材料，并控制其掺量，是降低植生混凝土碱性，提高其生态修复效果的关键。不同降碱材料对植生混凝土碱性的影响存在显著差异。硫酸铝和腐殖酸具有较好的降碱效果,不仅能有效抑制植生混凝土的早期碱性,还能在后期持续降低体系的碱性,有利于植物的生长和微生物的繁殖。绿矾和过磷酸钙的降碱效果相对较弱,虽然在一定程度上能降低植生混凝土的碱性,但难以使其长期处于较低的碱性水平。

5.3 植生混凝土抗压强度

5.3.1 抗压强度评价方法

在矿山边坡生态修复中,植生混凝土的抗压强度是确保边坡稳定性和修复效果的关键力学性能指标。抗压强度的高低不仅影响边坡的物理支撑能力,还直接关系到植被生长环境的稳定性和生态修复的持久性。足够的抗压强度可以有效抵抗风化、降雨冲刷及坡面滑塌等外部破坏力,防止坡面失稳,为边坡提供长期的保护。然而,若抗压强度不足,则可能引发一系列病害问题,如边坡表层开裂、剥蚀、滑塌等,导致喷播层无法有效固结岩土体,进一步削弱植被根系的固土作用,甚至造成生态修复失败。此外,抗压强度不足还可能导致植生混凝土层的早期破坏,使边坡局部出现空洞或剥落,雨水侵蚀进一步加剧坡面恶化。植生混凝土的抗压强度受多种因素影响,主要包括材料配比、龄期、施工工艺和环境条件。其中,水泥用量、骨料类型和土壤成分决定了混凝土的基本力学性能;龄期的增长使水泥水化反应增强,逐渐提高植生混凝土的强度;而施工厚度、均匀性及养护条件也直接影响喷播层的致密性与强度表现。此外,外部环境如降雨、温度和湿度等因素会对硬化过程产生干扰,进而影响抗压性能。

抗压强度试验按照《混凝土物理力学性能试验方法标准》(GB/T 50081—2019)进行,采用 100 mm×100 mm×100 mm 的立方体试件,每组制作 3 个试件。由于植生混凝土前期抗压强度较低,本次仅对植生混凝土的 7 d、14 d、21 d 和 28 d 的强度开展研究。同时为了进一步研究水泥用量对植生混凝土抗压强度的影响,在原有组分基础上,调整了水泥用量。

5.3.2 抗压强度随龄期变化规律

矿山边坡生态修复用植生混凝土的强度发展规律是评估其工程性能和生态功能的关键。在研究抗压强度随龄期变化的规律时,对水泥用量控制在 3% 的植生混凝土开展抗压强度测试。图 5.4 为不同龄期植生混凝土的强度结果。植生混凝土7 d时抗压强度为1.12 MPa,14 d时为1.52 MPa,21 d时为1.71 MPa,28 d时为1.75 MPa。数据表明,其抗压强度随龄期延长逐步提高,呈现典型的水泥基材料强度增长特性,但后期增长趋于缓慢。结合强度发展规律,可将其分为两个阶段:早期快速增长阶段(7～14 d)和后期缓慢增长阶段(14～28 d)。

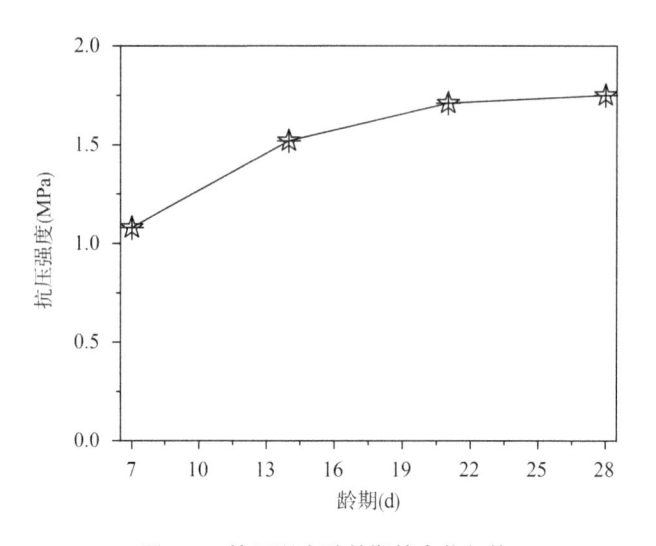

图5.4 抗压强度随龄期的变化规律

在7～14 d龄期内,植生混凝土的抗压强度从1.12 MPa增长至1.52 MPa,增幅达35.7%,这一阶段为早期强度的快速提升期。其增长主要源于水泥的早期水化反应,在此过程中,水泥颗粒与混凝土中的土壤和水分发生化学反应,生成大量水化硅酸钙(C-S-H)凝胶和氢氧化钙[$Ca(OH)_2$]。C-S-H凝胶是混凝土强度的主要贡献者,它逐步填充混凝土内部的孔隙并形成凝胶骨架,使材料结构逐渐致密,增强抗压性能。此外,纤维的加入在此阶段起到一定的增强作用,其在混凝土中形成微观的"网络结构",能够有效抑制裂纹扩展,提升材料的整体抗压性能。有机物和保水剂的可帮助维持混凝土湿度,促进了水泥水化反应的充分进行。植生混凝土抗压强度高,能够承受更大的外部荷载而不发生破坏,这意味着在降雨、地震或施工等外部压力变化时,土壤能够更好地维持其结构稳定性。且抗压强度与土壤的抗侵蚀能力密切相关。强度高的土壤在受到水流或风力侵蚀时,能够更好地抵抗颗粒流失。因此,此阶段的强度快速提升为边坡提供了初步的物理支撑,能够有效抵抗雨水冲刷和风化侵蚀,保障了坡面的短期稳定性。

在 14～28 d 龄期内，抗压强度从 1.52 MPa 增加至 1.75 MPa，增幅仅为 15.1%，增长速率明显放缓。在这一阶段，水泥水化反应逐渐进入后期，剩余未反应的水泥颗粒减少，水化速率显著降低，新增的水化产物量有限。由于植生混凝土中土壤占主要成分，水泥用量较低，为了控制碱性环境适宜草种和植物的生长，降碱剂的加入进一步限制了水泥的碱性反应强度，这些因素共同导致后期抗压强度增长潜力有限。同时，植生混凝土为了兼顾生态修复功能，材料结构较为松散，内部仍保留一定的孔隙，为草种的萌发和根系发育提供了必要的空间和水分通道。这种特性使得植生混凝土强度虽相对较低，但在生态修复中实现了力学性能与植物生长需求的平衡。

5.3.3 抗压强度随水泥用量变化规律

为进一步研究水泥用量变化对抗压强度的影响，分布调整水泥用量范围为 3%、6%、9% 和 12%，制备植生混凝土后开展 7 d 抗压强度测试。图 5.5 为不同水泥用量的植生混凝土的抗压强度结果。

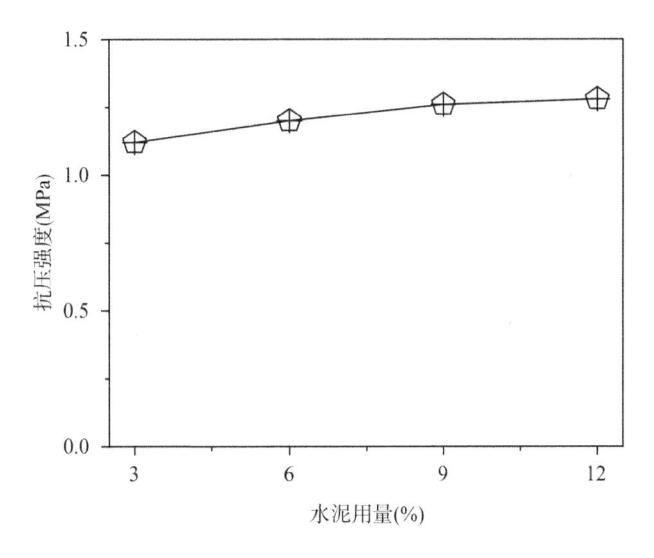

图 5.5　不同水泥用量的植生混凝土抗压强度结果

植生混凝土的抗压强度是衡量其承载能力和稳定性的关键指标。从图 5.5 可知，在不同水泥用量下，抗压强度的变化为：3% 水泥用量时抗压强度为 1.12 MPa，6% 水泥用量时为 1.20 MPa，9% 水泥用量时为 1.26 MPa，而 12% 水泥用量时达 1.28 MPa。首先，水泥是植生混凝土中的主要胶凝材料，其强度提升主要依赖于水泥的水化反应。水化反应生成的水化硅酸钙(C-S-H)凝胶和其他水化产物填充了混凝土的孔隙,提高了材料的密实度和强度。随着水泥用量的增加,更多的水化产物生成,使混凝土结构更加密实,从而提高抗压强度。其次,随着水泥用量的增加,混凝土中的颗粒间隙被水化产物有效填充,材料的整体密实度提高。这种密实度的增加减少了孔隙率,使得混凝土能够更好地抵抗外部压力,增强了抗压能力。此外,更多的水泥颗粒参与水化反应,增强了颗粒间的结合力,使混凝土在承受压力时不易发生颗粒间的滑移和破裂,提高了材料的整体强度。

随着水泥用量的增加,抗压强度逐渐提高,但增幅减小,说明水泥对强度提升的边际效益递减。较高的抗压强度能增强边坡的稳定性,使其更好地抵御外部压力和侵蚀。由于水泥是碱性材料,其用量直接影响植生混凝土的碱度水平。过高的水泥用量会导致混凝土碱度增加,可能对植物生长产生不利影响。土壤的适宜碱度对植物根系的正常发育和养分吸收至关重要。高碱度环境可能会抑制植物根系的生长,影响植物对水分和养分的吸收,进而降低植物的生长速度和生存率。

虽然水泥是主要的强度贡献者,但植生混凝土中的其他成分如土壤、有机物、保水剂、纤维等也发挥了重要作用。纤维增强了材料的韧性,限制了裂缝的扩展,保水剂帮助保持足够的水分以维持水泥的充分水化,而有机物和土壤提供了基础结构和额外的黏结性,虽然对强度提升的直接贡献有限,但在体系中发挥辅助作用。特别是在矿山生态修复中,植生混凝土的抗压强度随着水泥用量的增加而提高,然而,强度增幅逐渐减小,呈现边际效益递减。因此在设计植生混凝土时,不仅需要考虑抗压强度,还需要考虑对植物生长和生态修复功能的作用。在实际应用中,应平衡水泥用量与其他组分的比例,通过合理使用有机物、纤维和降碱剂,既满足抗压强度要求,又优化生态功能,实现资源效率和生态效益的最大化。

5.4　小结

① 未采用降碱处理的植生混凝土 pH 高达 11.24,表明其具有强碱性。添加硫酸铝、腐殖酸、绿矾和过磷酸钙等降碱材料后,pH 显著降低至 7.19~7.46,显示出良好的降碱效果。不同降碱材料在初始阶段能有效中和 OH^-,从而降低体系碱性,硫酸铝和腐殖酸的降碱能力优于绿矾和过磷酸钙。

② 硫酸铝和腐殖酸能够有效抑制 OH^- 浓度的快速上升,0~3 d 内植生混凝土的 pH 大约为 8.40 和 8.62,而绿矾和过磷酸钙的降碱效果较弱。

③ 植生混凝土的抗压强度随龄期的增加而逐步提高,7 d 时为 1.12 MPa,28 d 时达到 1.75 MPa,呈现出典型的水泥基材料强度增长特性。早期强度增长较快,主要源于水泥的水化反应生成的 C-S-H 凝胶和 $Ca(OH)_2$,后期增长趋缓,表明水泥水化反应逐渐进入稳定阶段。

④ 在不同水泥用量下,植生混凝土的抗压强度逐渐提高,3% 水泥用量时抗压强度为 1.12 MPa,12% 水泥用量时抗压强度达 1.28 MPa。水泥水化反应生成的水化产物显著提高了混凝土的密实度和强度,但随着水泥用量增加,强度提升的边际效益逐渐递减,使用降碱材料时须平衡水泥用量与生态功能。

第六章

植生混凝土抗剪性能研究

　　抗剪强度是衡量植生混凝土在剪切应力作用下抵抗变形和破坏的能力，直接关系到结构的稳定性和安全性。本章旨在探讨植生混凝土的抗剪强度及其影响因素，介绍植生混凝土抗剪强度测试方法，分析不同应力水平和不同龄期对植生混凝土抗剪强度的影响，并进一步研究植生混凝土的黏聚特性和内摩擦角。

6.1 植生混凝土抗剪强度重要性

矿山边坡喷播植生混凝土的生态修复功能不仅体现在其物理防护作用上,还包括植被恢复后对边坡稳定性的长期增强作用,而植生混凝土的抗剪性能直接影响其生态修复效果。在喷播植生混凝土的初期,由于抗剪性能较低,仅能提供有限的保护作用,但随着龄期增长,抗剪强度逐步提高,能够有效抑制边坡表层岩土体的开裂、剥蚀及滑塌(图6.1),为后续植被的生长提供稳定的基底。如果抗剪强度不足,坡面风化侵蚀将加剧植被恢复的难度,甚至导致生态修复失败。

图 6.1 边坡剥蚀

同时,植生混凝土的抗剪性能决定了边坡表层岩土体的整体稳定性,植物种子萌发后,其根系逐渐深入混凝土与岩土体之间,形成"根-土"复合结构(图6.2),这不仅进一步提高了边坡的抗剪强度,还增强其抗拉性能和抗冲刷能力;若抗剪强度不足,则坡面滑塌和剥蚀会阻碍植物根系发育,影响植被的固土功能。

因此,植生混凝土生态防护技术的核心目标是实现边坡防护与生态修复的有机结合,而抗剪性能是两者协同作用的关键。抗剪强度的提升,不仅能够在短

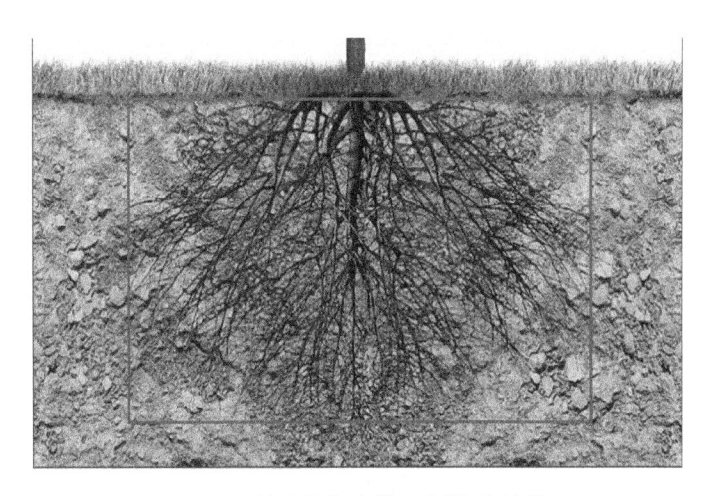

图 6.2 植生混凝土"根-土"复合结构

期内为边坡提供必要的物理支撑,防止滑塌等灾害的发生,还能为植被生长创造稳定的立地环境,从而实现边坡的长期稳定与生态可持续。因此,抗剪性能的评价对于植生混凝土在生态修复中的作用至关重要。

6.2 植生混凝土抗剪强度规律

6.2.1 抗剪强度测试方法

本研究直剪试验采用应变控制式直剪仪,按照《土工试验方法标准》(GB/T 50123—2019)进行快剪试验。试验对象是龄期分别为 1 d、7 d、14 d 和 28 d 的植生混凝土。试验时用环刀切取试样,对准上下盒,插入固定销钉。在下盒内放入一透水石,上覆隔水蜡纸一张。将装有试样的环刀平口向下,对准剪切盒,试样上放隔水蜡纸一张,再放上透水石,将试样徐徐推入剪切盒内,移去环刀。施加垂直压力,转动手轮,使上盒前端钢珠刚好与测力计接触,调整测力计中的量表读数为零。顺次加上盖板、钢珠压力框架。待试样安装完毕后,分别在 50、100、150 和 200 kPa 四级正应力下进行室内直剪试验。剪切试验设备如图 6.3 所示,剪切样品如图 6.4 所示。

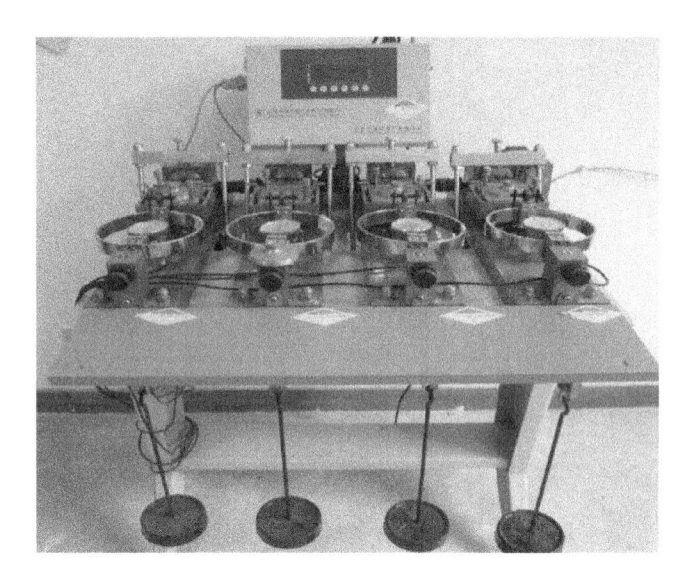

图 6.3 剪切试验设备

图 6.4 剪切样品

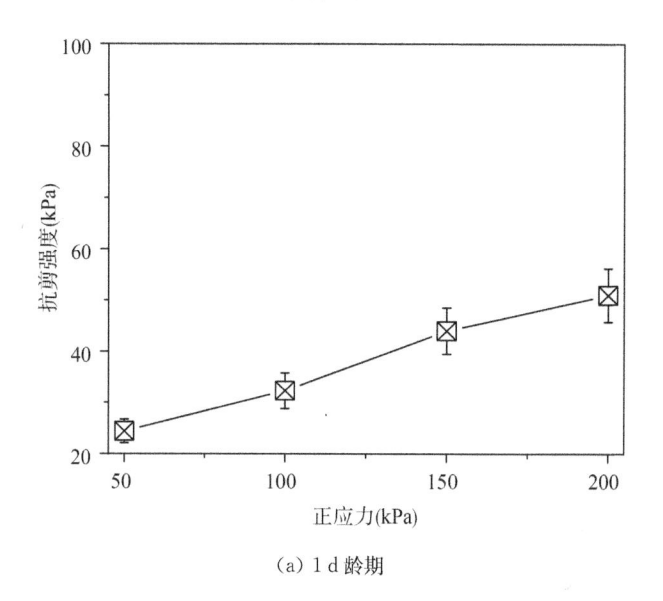

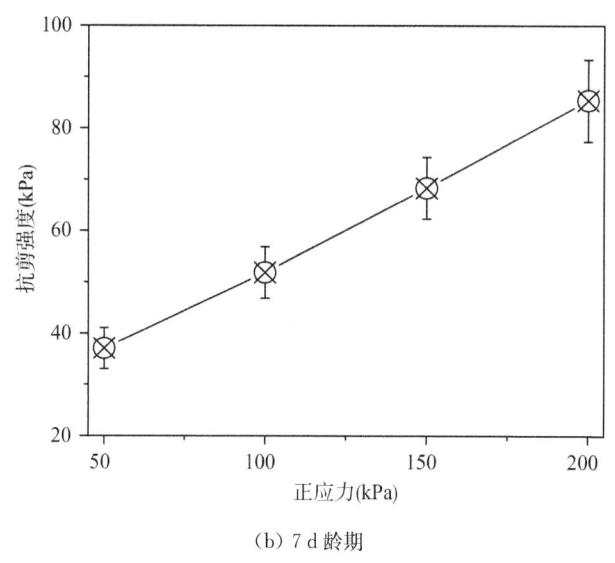

6.2.2 不同应力水平下的抗剪强度

本次植生混凝土直剪试验时采用 50、100、150 和 200 kPa 四级正应力。本次研究以 1 d、7 d、14 d 和 28 d 龄期的植生混凝土为对象,开展不同应力水平下植生混凝土抗剪强度分析,图 6.5 为实验结果。

(a) 1 d 龄期

(b) 7 d 龄期

(c) 14 d 龄期

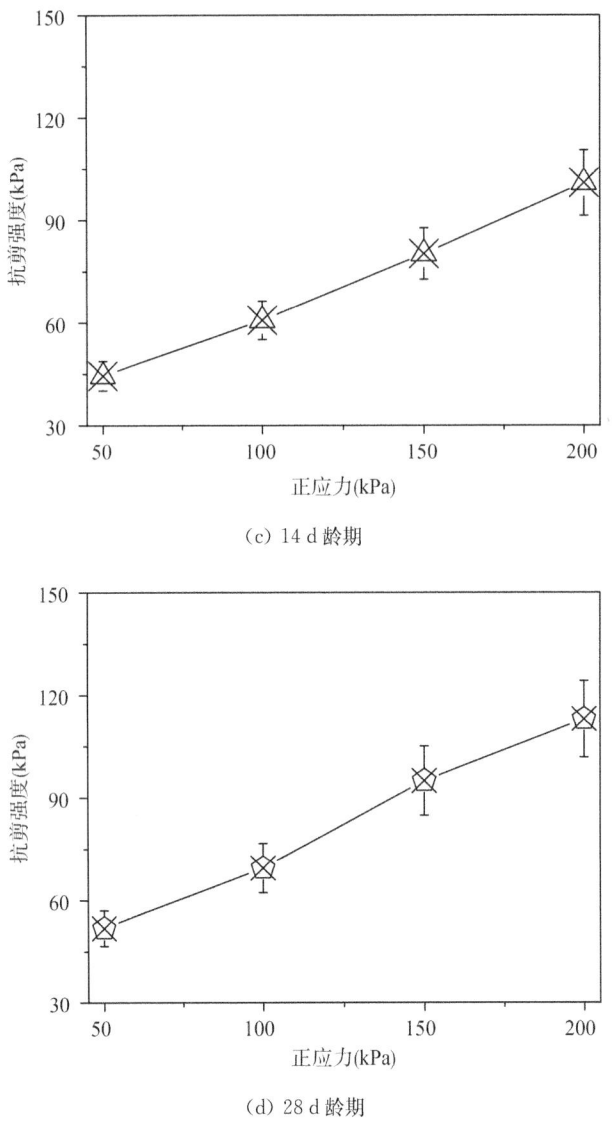

(d) 28 d 龄期

图 6.5 不同应力水平下的抗剪强度

在直剪试验中,植生混凝土的抗剪强度随着正应力的增大而显著提高,表现出较为典型的摩尔-库仑剪切破坏特性。试验结果表明,当正应力分别为 50、100、150 和 200 kPa 时,植生混凝土的抗剪强度总体呈现明显的线性增长趋势。这表明在正应力作用下,植生混凝土的颗粒间摩擦阻力和黏聚力的综合效果逐渐增强,从而使抗剪强度提高。随着正应力的增加,材料内部的颗粒结构被进一步压实,孔隙率降低,颗粒间的接触面积和摩擦力随之增加,这是抗剪强度增大的主要原因之一。在试验过程中,不同正应力下的抗剪强度误差值随正应力的增加而逐渐增大。这种误差的增长可能与试验过程中植生混凝土内部颗粒结构的微观变化有关,如在高正应力下,植生混凝土的孔隙压实效应更为显著,从而导致试验数据的离散性增加。

植生混凝土是一种由土壤、植生基材、黏结剂及其他增强材料组成的复合材料,其抗剪强度受多种因素影响,其中正应力的作用尤为显著。在低正应力(50 kPa 和 100 kPa)下,材料内部颗粒的初始间隙较为松散,因此抗剪强度较低。而在高正应力(150 kPa 和 200 kPa)作用下,颗粒间的压实效应更加明显,颗粒间的机械咬合作用和摩擦力显著增强,使得抗剪强度增大。正应力的增加还可能激发黏结剂与颗粒间的化学黏附作用,进一步提高材料的抗剪性能。植生混凝土的抗剪强度不仅与其颗粒结构和黏结剂含量有关,还受到正应力作用下内部颗粒间力学行为变化的显著影响。

6.2.3 不同龄期抗剪强度

本次研究以 1 d、7 d、14 d 和 28 d 龄期的植生混凝土为对象研究,开展不同应力水平下植生混凝土抗剪强度分析,图 6.6 为试验结果。

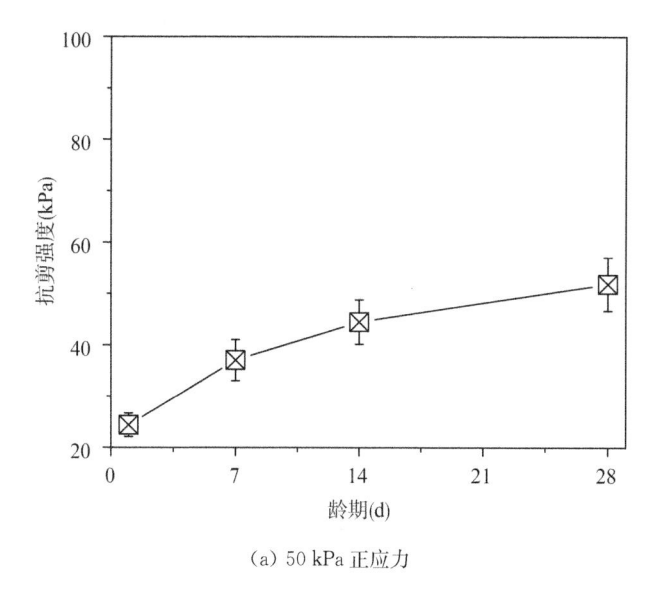

(a) 50 kPa 正应力

(b) 100 kPa 正应力

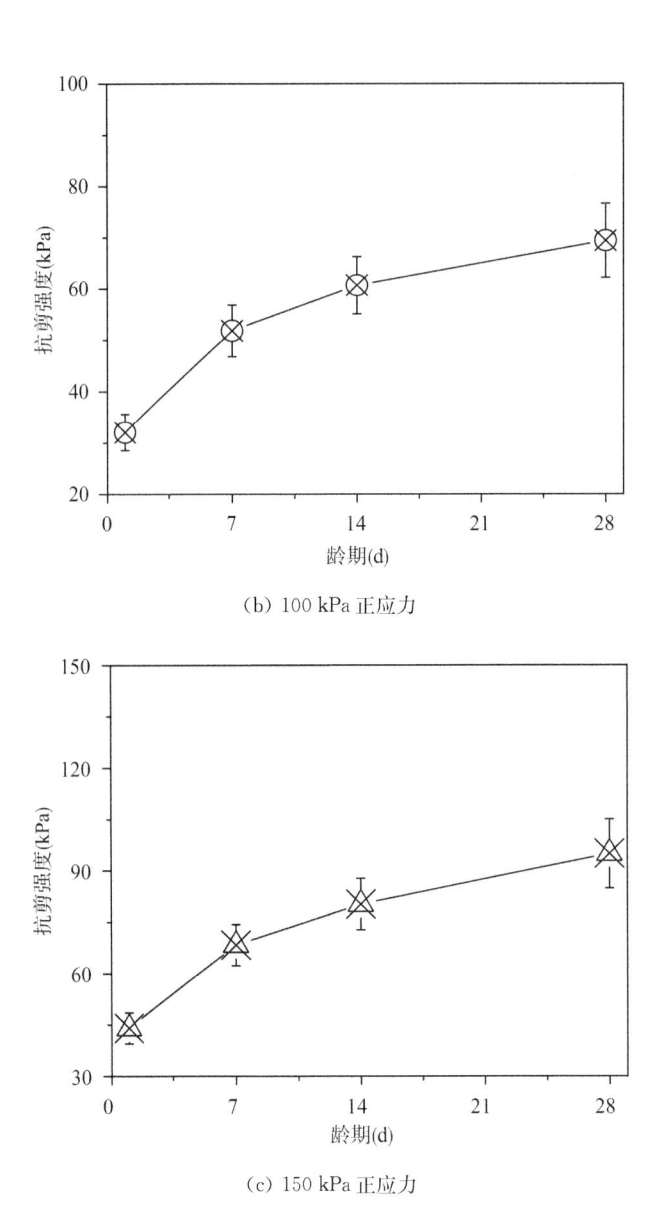

(c) 150 kPa 正应力

(d) 200 kPa 正应力

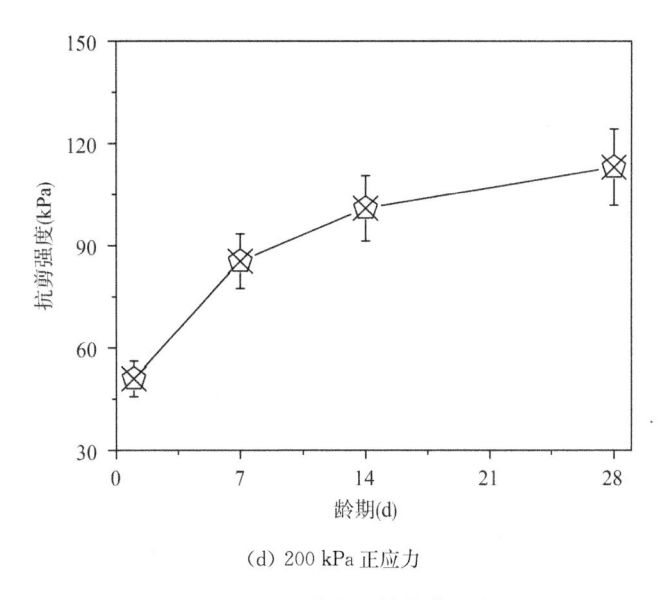

图 6.6 不同龄期下的抗剪强度

从图 6.6 可知,植生混凝土的抗剪强度随着龄期的延长而显著提高,表现出随时间增长材料性能逐步增强的规律。试验结果显示,当龄期分别为 1 d、7 d、14 d 和 28 d 时,抗剪强度整体呈现逐步增长的趋势。随着龄期的增加,材料内部的固化反应逐渐完成,颗粒间的黏聚力和摩擦阻力不断增强,使抗剪强度得到显著提高。尤其在 1~7 d 龄期,抗剪强度增长最为明显,这表明早期固化反应对植生混凝土抗剪性能的贡献较大。而 7~14 d 和 14~28 d 龄期植生混凝土的抗剪强度增幅都逐渐减小,这表明材料的固化反应趋于稳定,抗剪性能进入稳定提升阶段。

植生混凝土的抗剪强度增长规律与其材料特性及固化反应过程密切相关。作为一种由土壤、植生基材、黏结剂和增强材料组成的复合材料,植生混凝土的抗剪强度受内部颗粒间力学行为和材料固化程度的共同影响。在 1 d 龄期时,抗剪强度较低,主要是因为此时材料尚处于早期固化阶段,黏结剂的水化反应尚未完全进行,颗粒间的黏聚力和咬合作用较弱。至 7 d 龄期时,抗剪强度显著增加,表明此阶段黏结剂的固化反应显著增强,内部结构逐渐致密,颗粒间的咬合作用和摩擦阻力明显提高。进一步延长龄期至 14 d 和 28 d 时,抗剪强度有所提升,说明此阶段材料内部孔隙进一步压缩,结构致密性得到提升,黏结剂与颗粒间的化学黏附作用进一步增强,这是抗剪性能持续提高的主要原因。

试验结果显示,不同龄期下抗剪强度误差值随龄期的延长而逐渐增大。这种误差增长可能与材料内部固化反应的不均匀性以及颗粒分布的差异有关。在早龄期(1 d)时,材料尚未完全固化,内部结构较为均匀,误差较小。而在后期(14 d 和 28 d),植生混凝土的固化反应接近完成,但由于局部固化程度的差异性,试样内部颗粒分布的不均匀性增大,导致试验数据的离散性略有增加。

植生混凝土抗剪强度随龄期增长的显著规律对生态修复工程具有重要意义,影响植生混凝土边坡生态稳定性和适应能力。植生混凝土在 7 d 龄期即可达到较高的抗剪强度,能够满足早期工程的稳定性需求,而随着时间延长至 28 d 龄期,其抗剪强度进一步提升,为结构长期稳定提供了保障。这种随龄期增强的抗剪性能,不仅能够有效抵抗外部荷载和剪切力,还能在复杂的自然环境中维持边坡的整体稳定性。

6.3 植生混凝土的黏聚特性和内摩擦角

植生混凝土的黏聚特性和内摩擦角是研究其力学性能和生态功能的重要参数,直接影响其在矿山生态修复中的效果和可持续性。黏聚特性是指混凝土内部颗粒之间的结合能力。对于植生混凝土,黏聚力不仅来源于水泥基质的物理化学结合,还涉及植物根系的加固作用。植物根系能够穿透混凝土基质,与之形成一种复合结构,增强其抗剪强度和整体稳定性。这种增强作用在矿山边坡修复中尤为重要,因为边坡通常受到重力、降雨和风蚀等多种力的作用,黏聚特性能够有效抵抗这些外力,减少滑坡或崩塌的风险。内摩擦角是衡量材料抗剪强度的另一个关键参数,反映了植生混凝土中颗粒间的摩擦阻力。较高的内摩擦角意味着材料在受到剪切力时更不易变形或失效。在矿山生态修复中,植生混凝土的内摩擦角受到基质材料、植物种类和根系发育程度的影响。选择适宜的植物和优化混凝土配方,可以提高内摩擦角,从而提升边坡的稳定性和耐久性。

根据上述抗剪强度结果,可根据库仑强度理论曲线(图 6.7)按照下式倒推计算植生混凝土黏聚特性和内摩擦角。

$$\tau = \sigma \tan\varphi + c \tag{6.1}$$

式中:τ——抗剪强度(kPa);

σ——破坏面上的法向应力(kPa);

φ——内摩擦角(°);

c——黏聚力(kPa)。

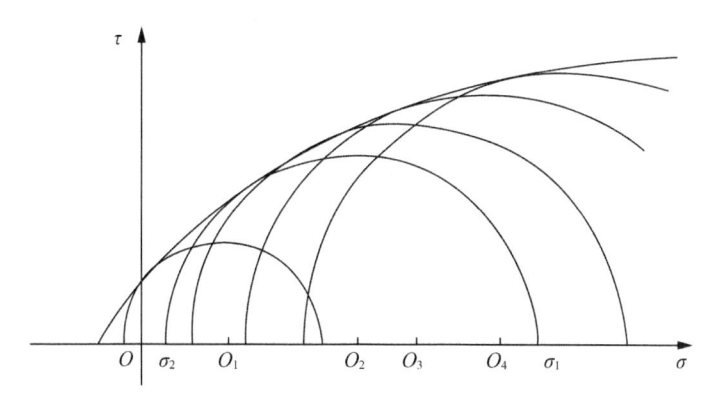

图 6.7 库仑强度理论曲线

6.3.1 植生混凝土的黏聚特性

图 6.8 为植生混凝土黏聚力随龄期变化的规律,从植生混凝土的黏聚力随龄期增长的结果可以看出,黏聚力随着时间的推移逐渐增加,这种现象反映了植生混凝土在硬化过程中,其力学性能会不断增强的规律。在最初的 1 d 到 7 d,植生混凝土黏聚力增幅约为 35.5%,在此期间,水泥的水化反应较为活跃,这是黏聚力显著增加的主要原因。早期的强度增长是水泥水化反应的结果,生成的水化产物逐渐增强了混凝土的黏结性能。在 7 d 到 14 d,黏聚力增幅约为 20.3%,增速相对减缓,主要是因为水化反应逐渐趋于平缓,但仍在继续进行。

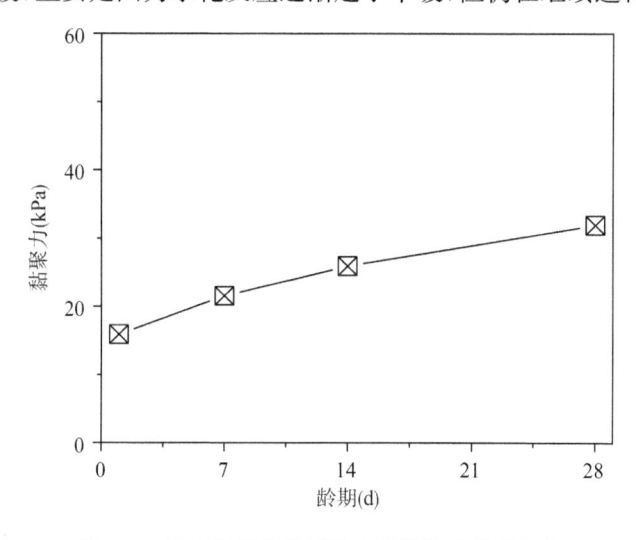

图 6.8 植生混凝土的黏聚力随龄期变化的规律

在植生混凝土的实验周期内，植物根系的生长对混凝土基质的黏聚力产生了显著的增强作用。在早期阶段（1 d龄期），植生混凝土主要依靠水泥的初始水化反应来提供黏聚力，而植物种子尚未发芽，因此此时根系对黏聚力的贡献几乎可以忽略不计（图6.9）。

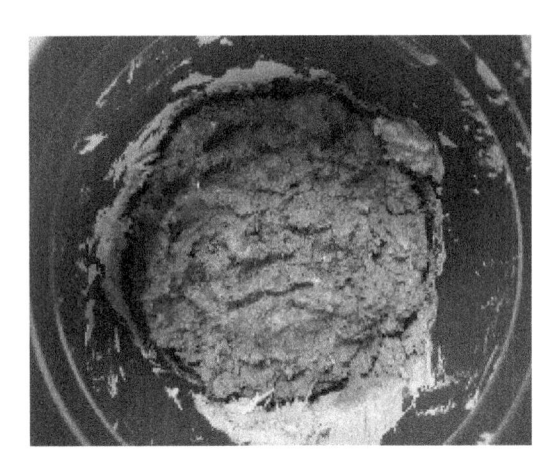

图 6.9 植生混凝土植物生长情况(1 d)

到了7 d龄期，种子开始发芽，植物根系逐渐生长并开始影响混凝土的结构（图6.10）。尽管此时根系的生长尚处于初步阶段，但它们已经开始在混凝土中扎根，对黏聚力产生一定的物理加固效应。此时，黏聚力的增长不仅仅是水化反应的结果，还开始受到植物根系的积极影响，体现出生态与工程作用的结合。

图 6.10 植生混凝土植物生长情况(7 d)

当实验进入 28 d 龄期时,植生混凝土的植物生长已经相当旺盛,植物根系的网络结构更加完善,深入并覆盖混凝土基质(图 6.11)。这种发达的根系结构显著增强了混凝土的黏聚力,提供了额外的物理支持和稳定性。此时,植生混凝土的水化反应基本完成,材料的机械性能趋于稳定,而根系的生长进一步提升了黏聚力,使其在物理特性上更为优越。

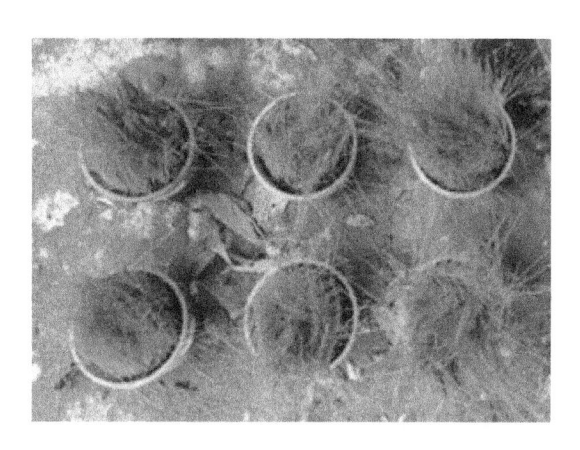

图 6.11 植生混凝土植物生长情况(28 d)

因此,植生混凝土不仅依赖于化学反应的完成,也显著依赖于植物根系的机械加固作用。根系的成熟和发展在此阶段对黏聚力的提升极为重要,确保了植生混凝土的长期稳定性和生态功能。通过结合水化反应和生物作用的双重效应,植生混凝土在生态修复中展现了独特的优势。

6.3.2 植生混凝土的内摩擦角

在边坡生态修复中,植生混凝土的内摩擦角是一个关键参数,它反映了材料内部颗粒之间的摩擦阻力,对边坡的稳定性有着直接的影响。内摩擦角的变化不仅受材料的物理性质影响,还与水泥的水化过程和植物生长息息相关。图 6.12 为植生混凝土的内摩擦角随龄期变化的规律。

在植生混凝土的早期龄期,内摩擦角的增加主要是由于水泥的水化反应。数据表明,当植生混凝土的龄期从 1 d 增加到 7 d 时,内摩擦角的增加幅度约为 70.8%,其主要归功于水泥水化反应过程中生成的水化产物 C-S-H 凝胶。C-S-H 凝胶具有微观尺度的针状和片状结构,这些结构在相互交织后显著增加了颗粒之间的接触面积和摩擦力。

随着龄期从 1 d 到 7 d,C-S-H 的生成量迅速增加,导致混凝土结构更加密

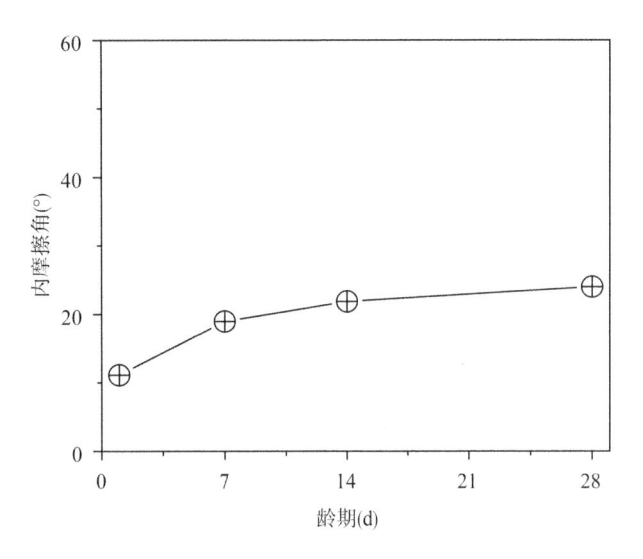

图 6.12　植生混凝土内摩擦角随龄期变化的规律

实,增强了颗粒之间的黏聚力和摩擦阻力,从而提高了内摩擦角。至 14 d 龄期,内摩擦角进一步增大,增幅约为 15.3%,此时水化反应仍在进行,但速度放缓,内摩擦角提升不如早期显著。到 28 d 龄期,内摩擦角较 1 d 时增加大约116.1%。这一阶段的内摩擦角持续增加,表明水化反应对提高材料内部的摩擦阻力持续产生积极影响。

同时植物的生长,尤其是根系的发育,对于内摩擦角的提升也有重要作用。尽管在早期阶段(1～7 d),植物根系对植生混凝土的影响有限,但随着时间的推移,根系逐渐发育并渗透到混凝土基质中,形成一种复合结构。在 14 d 龄期,植物开始对内摩擦角产生显著影响。根系通过机械加固作用,增加了颗粒间的摩擦力和结构整体的抗剪强度。在 28 d 龄期,随着植物的旺盛生长,根系的网络结构更加复杂和发达,对植生混凝土的内摩擦角贡献更为明显。这种生物加固效应使得内摩擦角不仅依赖于材料本身的力学性质,还受益于植物根系的物理增强。

6.4　小结

① 植生混凝土的抗剪强度随着正应力的增加而显著提高,表现出典型的摩尔-库仑剪切破坏特性。试验结果表明,当正应力分别为 50、100、150 和 200 kPa 时,抗剪强度呈线性增长趋势,表明颗粒间的摩擦阻力和黏聚力综合效果逐渐增

强。这主要由于颗粒结构的压实,孔隙率降低,增加了接触面积和摩擦力。

② 在直剪试验中,不同正应力下的抗剪强度误差值随着正应力的增加而增大,可能与植生混凝土内部颗粒结构的微观变化有关。高正应力下,孔隙压实效应显著,导致试验数据的离散性增加。这一现象强调了在高应力条件下,材料内部微观结构的变化可能会影响整体抗剪强度的可靠性。

③ 植生混凝土的黏聚力随着龄期的增长逐渐增强。试验显示,从 1 d 到 7 d,黏聚力增幅约为 35.5%,主要归因于水泥水化反应的活跃。水化产物的生成增强了混凝土的黏结性能,随着龄期延长,黏聚力的增加受到植物根系生长的影响,体现了生态与工程的结合。

④ 在植生混凝土的早龄期(1 d),黏聚力主要依赖水泥的水化反应。随着时间推移至 7 d,植物根系开始发芽并逐渐生长,逐渐影响混凝土的结构,提供物理加固效应。此时的黏聚力增长不仅是水化反应的结果,还受到植物根系的积极影响,体现出生态与工程的相互作用。

⑤ 植生混凝土的内摩擦角在早龄期显著增加,主要由于水泥水化反应生成的水化产物 C-S-H 凝胶。试验结果表明,龄期从 1 d 到 7 d,内摩擦角增幅约为 70.8%,随着 C-S-H 结构的形成,颗粒间的接触面积和摩擦力显著增强,为提高抗剪强度提供了重要支持。

第七章

植生混凝土抗崩解及抗冲刷性能研究

抗崩解性能和抗冲刷性能是评价植生混凝土在复杂环境下稳定性和耐久性的关键指标。抗崩解性能能够有效避免材料在水流作用下发生结构破坏，而抗冲刷性能是保证其抵御水流侵蚀的能力。本章重点分析植生混凝土的抗崩解与抗冲刷性能，为其在工程中的应用提供理论支持和实践参考。

7.1 植生混凝土抗崩解性能

7.1.1 植生混凝土崩解危害

当土块进入水中,由于土块吸水,土壤胶体物质溶解,土块产生不均匀应力,土粒间失去黏结力,土块的结构逐渐遭到破坏,此种现象称为土的崩解(图7.1)。

图 7.1 土的崩解

从矿山边坡植生混凝土的修复角度来看,植生混凝土是一种有效的生态工程材料,旨在恢复和保护矿山边坡的生态环境。然而,植生混凝土崩解可能带来一系列危害。一方面,植生混凝土的崩解会导致基土层暴露,增加土壤侵蚀风险,引起生态环境破坏,造成生物多样性下降。另一方面,崩解还会影响植物根系的生长环境,阻碍根系的固定,导致植被生长受阻甚至死亡,进而削弱边坡的生态恢复效果。

植生混凝土的设计本是为了提供稳定的生长介质和支撑结构,但一旦崩解,根系无法扎根,植物的生长受到限制,无法有效固土,这又会反过来加剧土壤侵蚀,形成恶性循环。植生混凝土的崩解使得土壤的水分保持能力降低,雨水易流失,造成地表径流增加,水资源的利用效率降低。

植生混凝土的崩解主要由水分变化(如湿润与干燥循环、雨水冲刷)、温度波动(热胀冷缩、冰冻融化)、植物根系压力、材料质量(混凝土配方和植物生长介质)以及生物因素(微生物腐蚀、病虫害)等因素引起。崩解破坏不仅会降低植生混凝土的使用寿命,还可能导致土壤侵蚀、植被损失和生态系统的退化,进而影响水土保持和生物多样性,增加维护和修复的成本。因此,深入研究抗崩解性能可以提升植生混凝土的生态功能,促进植物生长。

7.1.2　植生混凝土崩解试验

本次试验设计了四种不同的降雨工况,并设计 10%、15%、20%、25% 的含水率表征其降雨量。按照这些含水率,精确配制植生混凝土试件,添加水泥、植物生长基材、保水剂和肥料等材料,确保混合均匀。

崩解试验按照《土工试验方法标准》(GB/T 50123—2019),采用环刀法从每个试件中取样,将其制备成边长为 5 cm 的立方体试样,确保形状规整、边角完整,以保证试验结果的准确性,且操作过程中保持试件的完整性。将试样放在网板中央,网板挂在浮筒下,然后手持浮筒顶端,迅速地将试样浸入水筒中,开启秒表,测记开始时浮筒齐水面处刻度的瞬间稳定读数及开始时间;在试验开始时可按 0 min、10 min、20 min、30 min、60 min 等测记浮筒齐水面处的刻度读数,并描述各时刻试样的崩解情况,根据试样崩解的快慢,可适当缩短或延长测读的时间间隔;当试样完全通过网格落下后,试验即告结束;当试样长期不崩解时,应记录试样在水中的情况。

崩解量按照下式计算：

$$A_t = \frac{R_t - R_0}{100 - R_0} \times 100\% \qquad (7-1)$$

式中：A_t——试样在时间 t 时的崩解量(%);

R_t——时间为 t 时,浮筒齐水面处的刻度读数;

R_0——计时开始时浮筒齐水面处刻度的瞬间稳定读数。

7.1.3　植生混凝土崩解性能

图 7.2 为本次崩解试验的研究结果,可以清晰地观察到植生混凝土在不同含水率条件下的崩解量随时间的变化规律。随着时间的推移,植生混凝土的崩解量呈现出持续上升的趋势,并在试验进行至 60 min 时基本达到平衡状态。这一现象表明,植生混凝土的崩解过程在初期较为剧烈,而在后期逐渐趋于稳定。

(a) 10%含水率

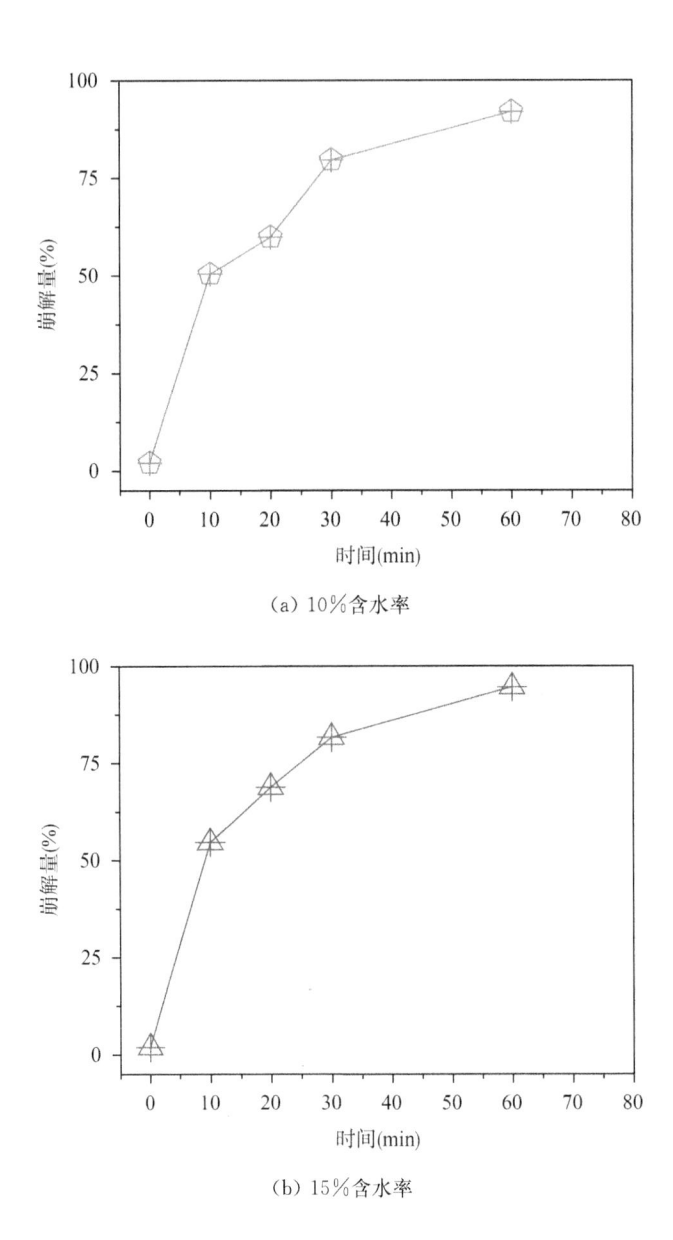

(b) 15%含水率

(c) 20%含水率

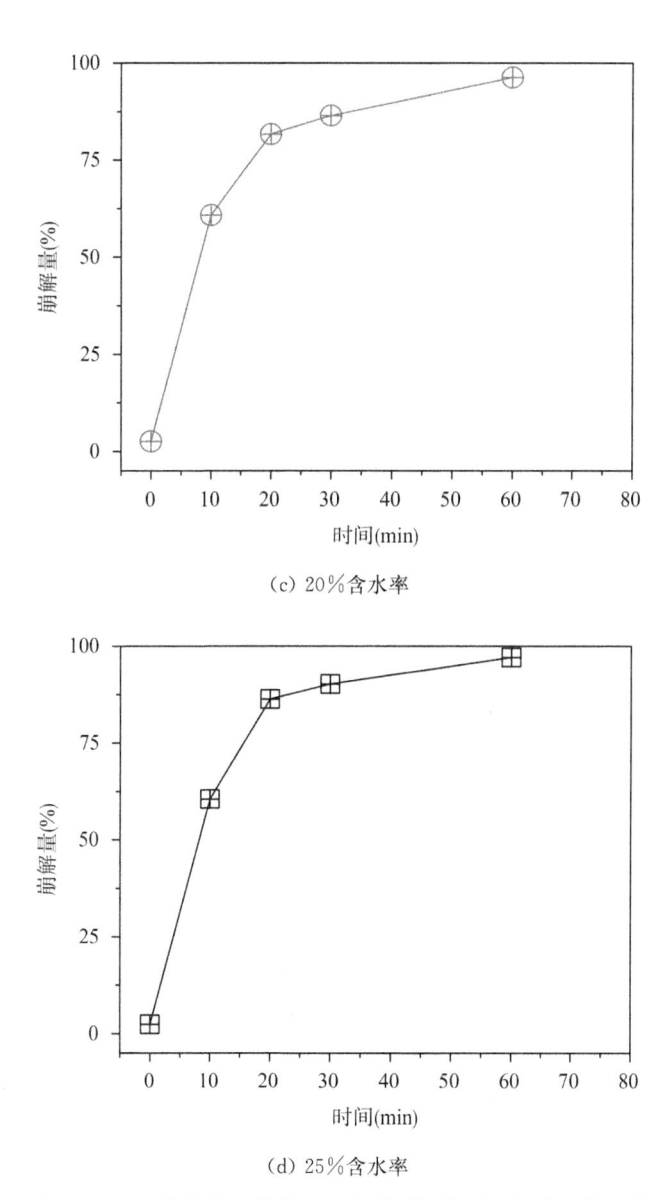

(d) 25%含水率

图 7.2　不同含水率下植生混凝土的崩解量随时间变化的规律

在不同含水率的条件下,植生混凝土的崩解量在前 10 min 内表现出急剧增长的态势,显现出显著的崩解湿化特性。在实验进行到 10 min 时,10% 含水率的植生混凝土崩解量达 50.6%,15% 含水率的崩解量为 54.7%,20% 含水率的崩解量为 60.7%,而 25% 含水率的崩解量则为 60.4%。这一阶段的崩解量增长迅速,表明水分的渗透和分布对植生混凝土的结构稳定性产生了重要影响。值得注意的是,尽管 10 min 后的崩解量仍在增加,但增幅逐渐减小,反映了植生混凝土在初始阶段的崩解过程是一个快速的湿化反应,而在后续阶段,崩解过程逐渐减缓,趋于平衡。

进一步分析发现,在试验前 10 min 内,各组试件的崩解量相对接近,表明植生混凝土在不同含水率条件下的抗崩解性能在初期阶段差异不大。这一现象可以理解为:在初始阶段,植生混凝土的结构尚未受到充分破坏,因此含水率对崩解量的影响尚未表现出明显的差异。然而,随着试验时间的延长,不同含水率条件下的植生混凝土崩解量逐渐拉开差距。其中,25% 含水率的植生混凝土崩解量最高,显示出较弱的抗崩解性能;20% 含水率的试件次之,而 10% 含水率的试件崩解量最小,表现出相对较强的抗崩解能力。这一差异在实验的 10 至 30 min 范围内最为显著;而在实验进行至 30 min 后,各组试件的崩解量逐渐趋于稳定,并在 60 min 时基本稳定。

研究表明,在初始阶段,较高的含水率使植生混凝土的崩解过程加速,这可能是由于高含水率导致的水分渗透更为迅速,从而加速了混凝土的内部结构破坏。与此同时,适中的含水率则有助于提高植生混凝土的抗崩解性能,说明在一定范围内,水分的适度存在可以增强混凝土的整体结构稳定性。特别是在初始 10 min 内,植生混凝土的崩解量迅速增加,表明水分渗透对混凝土结构的影响最为显著。随着时间的延长,崩解量的增长逐渐放缓,最终趋于平衡,表明水分对植生混凝土结构稳定性的影响在一定时间后逐渐减弱并达到稳定状态。

尽管 20% 和 25% 含水率的植生混凝土均表现出较高的崩解量,但 20% 含水率的试件在整体上表现出相对较强的抗崩解性能。相比之下,25% 含水率的植生混凝土由于水分含量较高,导致其内部结构破坏更为严重,从而崩解量较大。因此,在实际应用中,针对不同的环境条件,应慎重选择植生混凝土的含水率,以优化其抗崩解性能。尤其在需要提高植生混凝土的稳定性和耐久性时,选择适中的含水率显得尤为重要。

7.1.4 植生混凝土崩解速率

将植生混凝土的崩解量、时间两变量按照二次多项式函数拟合,可知各函数拟合优度 R^2 均高于 0.9,拟合效果满足要求。对拟合函数求导后可得到植生混凝土崩解速率函数和曲线,其结果如表 7.1 和图 7.3 所示。

表 7.1 崩解量与崩解速率函数

含水率	崩解量(y)—时间(t)拟合函数	崩解速率函数
10%	$y=-0.037\ 1t^2+3.632\ 4t+6.522\ 8,\ R^2=0.961\ 9$	$y=-0.074\ 2t+3.632\ 4$
15%	$y=-0.041\ 3t^2+3.868\ 2t+9.004\ 9,\ R^2=0.957\ 9$	$y=-0.082\ 6t+3.868\ 2$
20%	$y=-0.048\ 9t^2+4.322\ 7t+10.247,\ R^2=0.913\ 9$	$y=-0.097\ 8t+4.322\ 7$
25%	$y=-0.052\ 8t^2+4.562t+10.386,\ R^2=0.945\ 4$	$y=-0.105\ 6t+4.562$

通过比较四种含水率下植生混凝土崩解速率曲线的斜率,可以清楚地看到崩解速率的不同。斜率代表崩解速率随时间的变化速率,负斜率越小,崩解速率越快。在 10% 含水率时,崩解速率的斜率为 $-0.074\ 2$,这是四种含水率中崩解速率最慢的一个,表明在此含水率下,植生混凝土的崩解速度相对缓慢。当含水率增加到 15% 时,崩解速率的斜率降至 $-0.082\ 6$,表明崩解速度有所加快。进一步增加含水率到 20%,斜率显著减小到 $-0.097\ 8$,表明崩解速度明显加快。最后,在 25% 含水率时,斜率达到 $-0.105\ 6$,这是四种含水率中崩解速率最快的一种情况。总结来看,随着含水率的增加,植生混凝土的崩解速率逐渐加快,从 10% 到 25% 含水率,崩解速率的斜率从 $-0.074\ 2$ 减小到 $-0.105\ 6$,表明含水率对植生混凝土崩解速率有显著且线性的影响。含水率每增加 5%,崩解速率的斜率就显著减少,其中 15% 到 20% 时的含水率对于崩解速率的影响最为显著。

随着试验时间的延长,不同含水率下植生混凝土的崩解速率呈现下降趋势。在试验初期,水分迅速进入混凝土表层,对其结构产生较大扰动,导致早期崩解速率较高。试验现象表明,这一阶段的崩解主要集中在表层和浅层结构。随着试验的进行,植生混凝土的崩解速率逐渐降低,表明崩解行为经过一段时间后逐步减缓。这是因为经过表层和浅层的崩解后,内部结构开始承受更大的压力,逐渐适应水分的侵入,从而减缓了崩解速度。

(a) 10%含水率

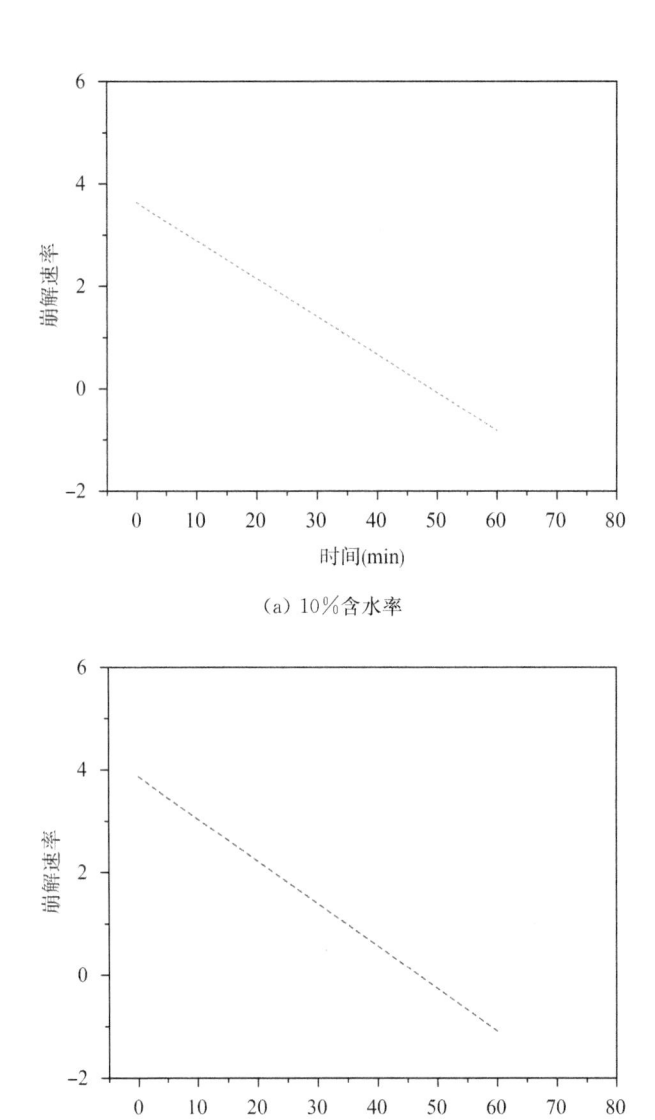

(b) 15%含水率

(c) 20%含水率

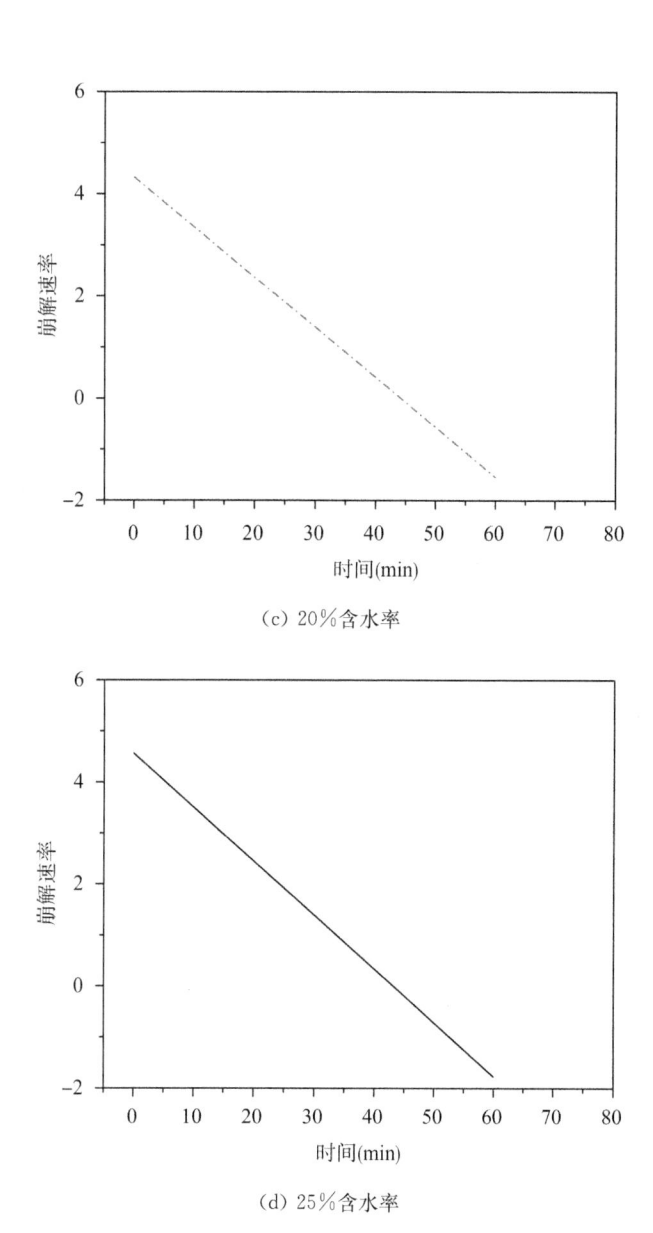

(d) 25%含水率

图 7.3 不同含水率的崩解速率曲线

进一步分析发现,含水率的高低对崩解速率有显著影响。在试验前 30 min 内,含水率为 25% 的植生混凝土崩解速率最高,而含水率为 10% 的植生混凝土崩解速率最低。在高含水率条件下,水分能够迅速渗透到混凝土内部,降低土壤颗粒间的黏结力,导致整体强度和稳定性下降,崩解现象加剧。试验开始 30 min 之后,含水率为 25% 的植生混凝土崩解速率变得最低,而含水率为 10% 的植生混凝土崩解速率最高。推测含水率为 25% 的植生混凝土在前 30 min 内经历了快速崩解,表层和浅层在早期遭到严重破坏,崩解行为基本结束,崩解速率大幅下降。含水率为 10% 的植生混凝土在前 30 min 内尚未经历充分崩解,内部结构相对完整,后续时间段内崩解速率仍然较高。

含水率对植生混凝土的崩解速率有显著影响,且崩解过程具有明显的阶段性特征。在试验初期,较高的含水率会导致更快的崩解速率,但随着时间的延长,高含水率下的植生混凝土崩解速率逐渐降低,而低含水率下的崩解速率相对较高。

7.2 植生混凝土抗冲刷性能

7.2.1 植生混凝土冲刷危害

矿山开采活动导致大量土地破坏和生态环境恶化,边坡裸露、土壤流失和水土流失问题尤为突出。由于矿山边坡环境复杂,雨水冲刷、地表径流等因素频繁发生,边坡土壤抗冲刷能力不足会引发一系列严重问题(图 7.4)。土壤冲刷会导致边坡土体流失,削弱边坡的稳定性,进而引发滑坡和边坡失稳;会导致大量土壤流失,加剧水土流失问题,进一步破坏生态环境,影响周边水源和土地资源的可持续利用;会破坏边坡植被,导致生态系统退化,影响生物多样性和生态平衡,使得矿山周边环境难以恢复。传统的修复方法如植被恢复和土工格栅等,虽然在一定程度上能够改善生态环境,但在面对复杂的地质条件和恶劣的自然环境时,效果有限。

植生混凝土作为一种新型材料,集结构功能和生态修复于一体,在边坡防护中展现出巨大潜力。其优异的抗冲刷性能、良好的生态适应性以及美观的外观,使其成为边坡防护的理想选择。然而我国南方地区雨水充沛,降雨及坡面径流对边坡具有显著的冲刷作用,尤其是对于上坡坡体较高的边坡,这种冲刷作用更为明显。目前关于植生混凝土在边坡生态修复中的抗冲刷性能研究还相对不足。

图 7.4　边坡冲刷现象

7.2.2　植生混凝土冲刷方法

本研究为了评估植生混凝土的抗冲刷性能，设计并制造了一套自制的冲刷设备。该设备通过自来水模拟降雨喷头，能够精确控制水量大小，从而模拟自然降雨条件。为了更贴近实际应用场景，还设计了坡面模拟器，可以设置不同的坡度(图 7.5)。本次试验将在植生混凝土制备后自然养生 1 d、7 d、14 d 和 28 d，再选择 50°的坡度测试，模拟南方地区边坡的典型坡度条件。

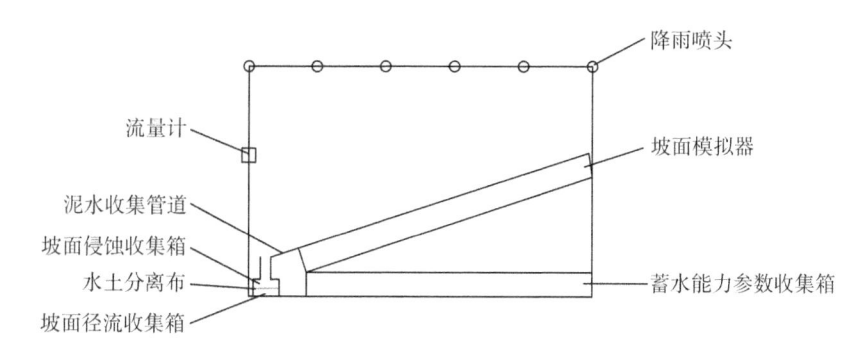

图 7.5　自制边坡冲刷设备

冲刷设备由坡面侵蚀收集箱、坡面经流收集箱、喷头系统和坡面模拟器等组成。喷头系统由多个降雨喷头组成，能够均匀喷洒水流，模拟降雨过程。坡面模拟器则由一块可调节坡度的平台组成,平台上放置植生混凝土试件。为了收集冲刷下来的土壤,在平台下部铺设了水土分离布,用于捕捉和收集冲刷掉的土壤颗粒。在试验过程中,首先将植生混凝土试件放置在坡面模拟箱上,并调整至所需的50°坡度。然后,启动喷头系统,以恒定的水量模拟降雨。持续12 h后,停止喷洒,并收集水土分离布上冲刷下来的土壤。通过称量收集到的土壤质量与原有试件的质量进行比较,计算出冲刷损失率。

7.2.3 植生混凝土冲刷结果

在矿山修复中,植生混凝土的抗冲刷性能是确保边坡稳定和生态修复效果的关键因素。图7.6为植生混凝土在不同龄期(1 d、7 d、14 d和28 d)的冲刷质量损失率。

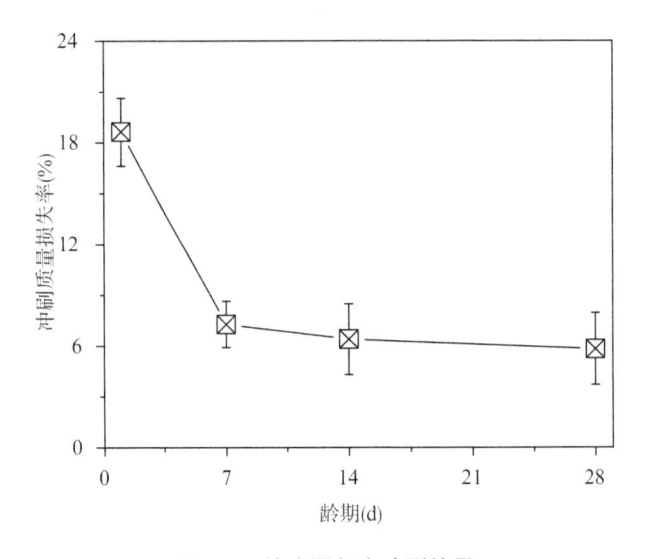

图 7.6 植生混凝土冲刷结果

结果显示:1 d龄期的冲刷质量损失率为18.6%,7 d龄期为7.27%,14 d龄期为6.394%,28 d龄期为5.81%。这些数据表明,随着龄期的增加,植生混凝土的抗冲刷性能显著提高。水泥水化过程对植生混凝土的抗冲刷性能具有重要影响。在早龄期(如1 d),水泥水化反应尚未完全进行,水化产物较少,材料的致密度和结构强度较低,因此冲刷质量损失率较高。随着龄期的增加(如7 d、14 d和28 d),水泥水化反应逐渐完成,生成更多的水化产物,这些产物填充并黏结水泥基材料中的孔隙,使材料更加致密和坚硬。同时,水化产物的形成也增强了材料的内聚力和摩擦力,从而提高了抗冲刷性能。水泥水化过程中生成的氢氧化钙[$Ca(OH)_2$]等碱性物质,也会影响植生混凝土的抗冲刷性能。

进一步计算植生混凝土从龄期1~7 d、7~14 d、14~28 d三个时间段的质量损失率,其结果如图7.7所示。

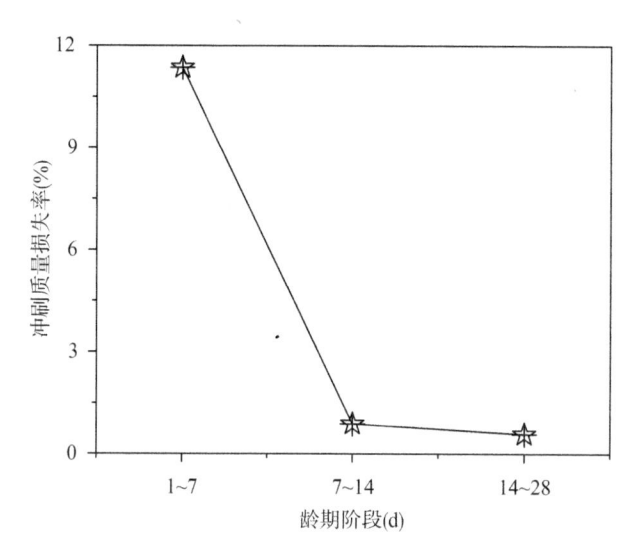

图7.7 不同阶段植生混凝土冲刷损失

从图7.7可知,当植生混凝土龄期在1~7 d时,冲刷损失率为11.36%,这说明在早期阶段,植生混凝土的结构尚未完全稳定,可能由于混凝土内部水分未完全挥发,或者植物种子尚未发芽,导致其表面强度不足。因此,早期的高损失率提示在施工后的前几天内,对植生混凝土的保护尤为重要,以防止冲刷造成的损失。

植生混凝土龄期在7~14 d时,冲刷损失率显著下降至0.88%。在这一阶段,植生混凝土的强度逐渐提高,水分逐步挥发,植物的根系可能开始在混凝土中扎根,增强了其整体的结构稳定性。这表明,植生混凝土在这一阶段逐渐形成了较为稳固的生态环境,抗冲刷能力明显增强。

植生混凝土龄期在14~28 d时,冲刷损失率进一步降低至0.58%。这一趋势表明,随着时间的推移,植生混凝土的性能持续改善,长期浇灌和植物生长促进了其根系的发育,使其在水流冲刷作用下表现出更强的稳定性和抗冲刷能力。这一阶段的低损失率也反映了植生混凝土逐渐适应环境,形成了良好的生态平衡。

7.3 小结

① 植生混凝土在不同吸水率条件下的崩解行为显示出显著的阶段性特征。前 10 min 内崩解量迅速增加,表明水分渗透对表层和浅层结构造成剧烈扰动。随着时间推移,崩解速率逐渐减缓并趋于平衡,反映出混凝土内部结构逐步适应水分侵入,表现出更为稳定的状态。

② 在不同吸水率条件下,植生混凝土的崩解量存在显著差异。在试验前期,各组试件崩解量接近,表明吸水率影响尚不明显。随着时间推移,25% 吸水率的混凝土崩解量最高,表示其抗崩解性能较弱,而 10% 吸水率表现出更强的抗崩解能力,说明适中的吸水率能增强混凝土的稳定性。

③ 随着含水率增加,植生混凝土的崩解速率逐渐加快。在 10% 含水率条件下,崩解速率最低;在 25% 含水率条件下,崩解速率最高,显示含水率对崩解速率有显著线性影响。水分迅速渗透混凝土表层,导致高崩解速率,增加的含水率降低了混凝土的整体强度和稳定性,进而加剧崩解现象。

④ 植生混凝土的抗冲刷性能随着龄期增加得到显著提升,1 d 龄期植生混凝土的冲刷质量损失率为 18.6%,28 d 龄期降至 5.81%。这一变化与水泥水化过程密切相关,早期水化反应未完全,致密度和强度较低。龄期延长后,水化产物增加,提高了混凝土的致密性、强度和抗冲刷性能,增强了长期稳定性。

⑤ 水泥水化过程在植生混凝土的抗冲刷性能中至关重要。在早期阶段,水化反应未完全,水化产物不足,导致混凝土强度低、抗冲刷能力有限。随着龄期增加,水化反应完成,生成更多水化产物[如$Ca(OH)_2$],提高了混凝土的致密性和内聚力,增强了抵御外力的能力,表明水泥品质和水化过程的重要性。

第八章

植生混凝土的植生特性研究

　　植生混凝土技术结合了材料学、植物学、生态学等多个学科,其评估不仅依赖混凝土的物理力学特性,还需考虑植物生长状况及营养基质的选择。本章探讨了植生混凝土的特点和种植要求,通过室外种植试验验证植生混凝土中植物的生长效果,为后续工程提供基础。

8.1 草种优选原则

从生态学角度看,植被生态系统的演替遵循由低级到高级、由简单到复杂的规律。对于矿山岩质边坡的生态修复,不仅要满足景观需求,还需促进生态演替的发展。因此,在选择边坡植物草种时,应遵循以下优选原则。

(1) 选型原则

每种植物应符合坡面植物的选型标准。坡面植物通常面临风蚀、土壤侵蚀和极端气候条件的挑战,因此选择适应这些条件的植物至关重要。例如,针对陡坡或不稳定的土壤,选择根系发达、抗风能力强的植物可以降低土壤流失的风险。此外,植物的耐旱性、耐寒性和耐盐碱性也是选择时的重要考量因素。这些特性将有助于植物在不同的气候环境下生存,并提供必要的生态功能。

(2) 植物种类的多样性原则

植生混凝土的植物种类应包括禾本科和豆科植物。这两类植物在生态系统中分别扮演着重要角色。禾本科植物,如黑麦草、高羊茅等,通常生长迅速,根系发达,能够有效固定土壤,减少土壤侵蚀。此外,禾本科植物能在恶劣环境中迅速恢复,提供初期覆盖,促进生态恢复。这种植物不仅能够提高土壤的肥力,还能为其他植物提供必要的养分,促进整个生态系统的健康发展。因此,结合这两类植物的种植,可以提高植生混凝土的生物多样性,增强其生态功能。

(3) 生态型的合理搭配原则

植物的生态型应相互协调,以减少生存竞争的矛盾。在选择植物时,应考虑根系的深度、形态和生长方式。浅根植物与深根植物的结合能够更有效地利用土壤中的水分和养分。浅根植物能够在表层土壤中快速吸收水分,而深根植物则能够深入土壤,获取更深层的水分和养分。此外,根茎型植物与丛生型植物的搭配也有助于提高空间利用率,增强生态系统的稳定性。通过合理的生态型搭配,可以减少植物之间的竞争,促进它们的共同生长。例如,在植生混凝土中种植不同高度和生长习性的植物,可以形成多层次的植被结构,从而增强生态系统的多样性和韧性。

(4) 发芽时间的一致性原则

不同植物种子的发芽天数应尽可能接近,以确保它们在同一时间段内能够有效竞争生长。发芽较慢的植物如果在生长初期被快速生长的植物所覆盖或竞争,将可能导致其被淘汰。因此,选择发芽时间相近的植物组合对于维持生态平衡和促进植被的健康生长至关重要。选择同样发芽期的植物,可以确保各植物在生长初期能够获得足够的光照和养分,从而提高其生存率。

8.2 植生试验方法

植被的生长是植生混凝土成功应用的关键,因此开展植生试验显得尤为重要。通过室内种植试验,可以定期观察植被的生长状况,评估植生混凝土的适应性。

本研究针对初选植被进行适应性试验,旨在优选出最适合在植生混凝土中生长的植物。播种容器为高度12 cm、直径6 cm的圆筒形塑料盆栽盒,播种时草种的厚度控制在基材表面1~2 cm。

采用草种播种密度为 30 g/m², 其中高羊茅、黑麦草和护坡王的比例为 1∶1∶1。三种草种的植生参数如表8.1所示。

表8.1 三种草种的植生参数

草种	抗旱特征	抗寒特征	株高	根系	适应pH范围
高羊茅	良	良	40~70 cm	发达	4.7~9.0
黑麦草	良	一般	10~30 cm	良好	5.5~8.2
护坡王	良	良	40~100 cm	发达	4.5~9.0

通过观察不同配比的植被生长高度变化情况,评估各草种组合对植生混凝土的适应性与生长效果,能够为后续植生混凝土提供数据支持。植生试验如图8.1所示。

图8.1 植生混凝土植生试验

在草种发芽前,应避免大雨对其产生不利影响。由于草种在培养箱中种植,透水性能不如室外土壤,过多的积水可能会影响种子的发芽。因此,遇到大雨时,应尽量将培养箱移入室内,并确保种子能够获得充足的阳光照射。草本植物的组织水分占其质量的80%以上,当含水量低于60%时,植物可能会枯萎甚至死亡。因此,需每天浇水两次,并注意土壤的湿润程度。在炎热干旱的天气中,应增加浇水频率,但应避免在中午高温时浇水,以免影响种子的成活率。当植物出现发黄现象时,可以施加适量的肥料。氮肥能增加叶绿素,促进草叶生长;磷肥有助于根茎的坚韧,提高根系生长和抗病性;钾肥则能促进光合作用,提高植物的抗病虫害、抗寒、抗旱及耐逆境能力。通过合理的管理措施,可以确保草种的健康生长。

试验过程中,记录草种在第 0 天、7 天、14 天和 28 天的生长状况,并在草种发芽后,随机挑选每种配比中的 15 株草,测量统计植被的出芽率、生长高度、根系长度,并计算其平均值。测量将持续进行,直至植被高度变化不明显为止。

8.3 植生试验结果

8.3.1 植物发芽率

植被发芽率是生态混凝土有效性以及生态护坡有效性的一个重要反映。种子的萌发需要具备适宜的温度、水分和充足的空气等条件。在发芽过程中,种子首先会吸水膨胀,导致种皮变得柔软,并使其能够更好地吸收氧气,排出二氧化碳。种子的发芽伴随着许多复杂的生命活动,通过呼吸作用不断产生能量,以支持后续的生理过程。适宜的温度对种子的发芽至关重要。当温度过低时,种子的呼吸速率会受到抑制,影响其内部营养物质的分解和转化,进而妨碍其他生理活动的进行。只有在满足温度、水分和氧气等条件的情况下,种子才能顺利萌发,开始其生长过程。本次实验时的气温为 10~26℃。

图 8.2 为混合草种在第 0 天、7 天、14 天和 28 天的发芽率。从实验结果可知,在播种后仅 4 d,植生混凝土便可观察到植物的发芽(图 8.3),且植株的茎叶颜色保持绿色,显示出良好的生长潜力和健康状态。发芽率在不同时间节点上呈现出明显的增长趋势,具体表现为:在第 0 天时,发芽率为 0%,这表明草种尚未开始萌发。到了第 7 天,发芽率上升到 8.5%,显示出草种萌发的迹象。经过 14 d 的观察,发芽率进一步提高至 57.5%(图 8.4),这说明植生混凝土能够为草种的发芽提供适宜的环境和条件。最终,在第 28 天时,发芽率达 87.8%,表明大部分草种已经成功发芽,显示出植生混凝土的良好适应性和生长潜力(图 8.5)。

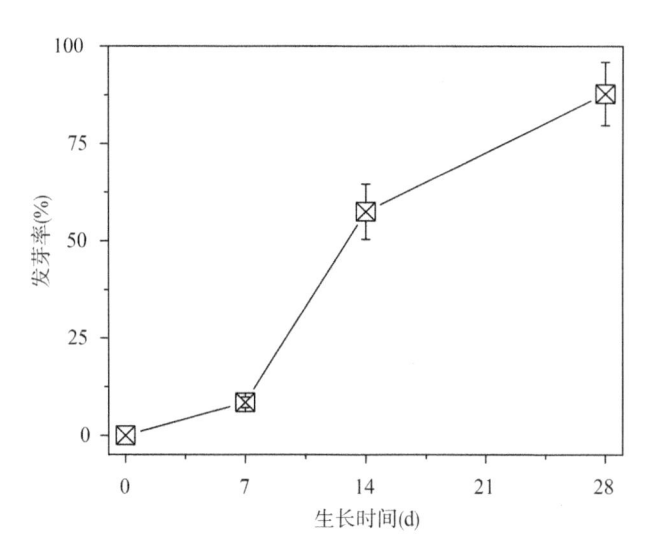

图 8.2　植生混凝土植物发芽率随生长时间的变化

图 8.3　植物发芽情况(4 d)

图 8.4　植物发芽情况(14 d)

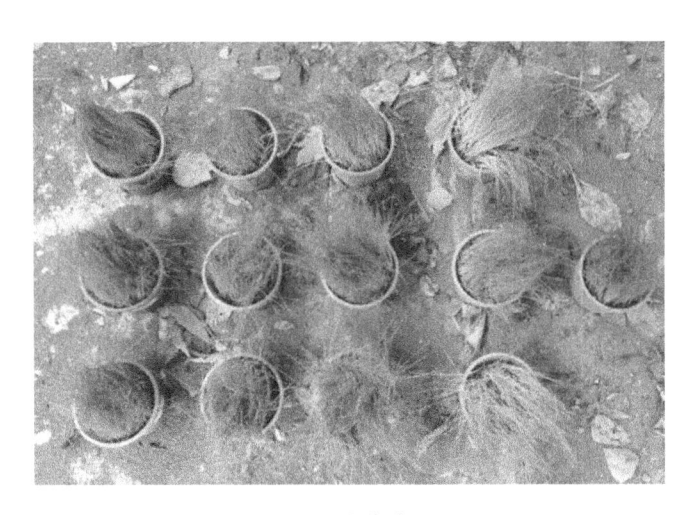

图 8.5　植物发芽情况(28 d)

　　试验结果不仅反映了植生混凝土在植物生长方面的有效性,还表明其在生态修复中具有重要的应用价值。植生混凝土的特殊组成材料,如红壤土、普通硅酸盐水泥、锯末、酒糟以及其他有机物和肥料,创造了一个良好的微环境,促进了种子的吸水和氧气的透入,进而加速了发芽过程。这些材料共同作用,优化了混凝土的结构和性能,确保了植物在发芽和生长初期能够获得所需的水分和养分。

8.3.2 植物高度

植物高度是评价植物生长性能的重要指标之一,因为它直接反映了植物的生长状态、健康水平和适应环境的能力。植物在适宜的条件下会迅速生长,植物高度的增加速度越快,通常意味着该植物对生长环境的适应性越好。植物的高度与其健康状况密切相关,通常,高度较高的植物表明其生长良好,能够有效进行光合作用并吸收养分。反之,如果植物高度较矮或生长停滞,可能是由于营养不足、光照不足或其他生长环境不理想等因素。

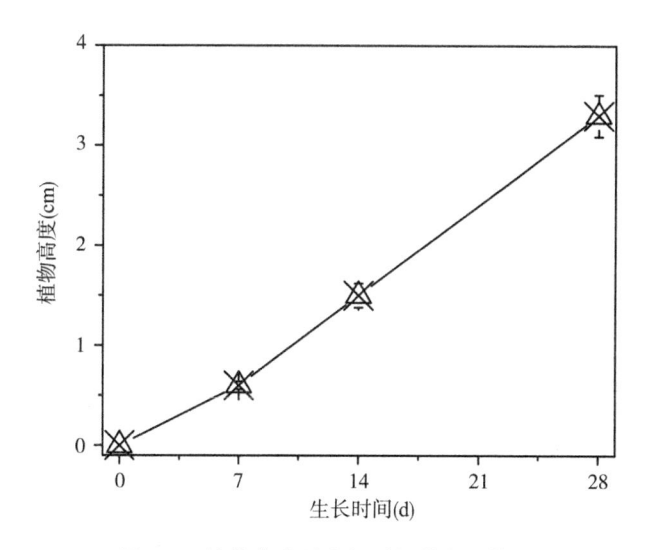

图 8.6 植物高度随生长时间的变化情况

图 8.6 为混合草种在第 0 天、7 天、14 天和 28 天时的植物高度。从试验结果可见,植物高度在不同时间段内也有显著变化。第 0 天时植物高度为 0 cm,说明在播种初期尚未生长出可测量的部分。在第 7 天,植物高度达 0.6 cm,显示出此阶段为植物生长的初步阶段。到第 14 天,植物高度增至 1.5 cm,进一步证明植生混凝土为植物提供了良好的生长条件。在第 28 天,植物高度进一步增长至 3.3 cm,表明植生混凝土能够有效支持植物的生长,促进其向上生长的有机物和肥料的添加促进了根系的快速发展。氮肥的施用增加了叶绿素的合成,促进了草叶的生长;磷肥则增强了根系的坚韧性,提高了植物的抗病性;而钾肥则促进了植物的光合作用,提高了其对不良环境的适应能力。

8.3.3 根系长度

根系长度是评价植物生长性能的重要指标之一,它不仅影响植物的生长和发育,还与植物对环境的适应能力、养分和水分的吸收能力密切相关。根系的主要功能是吸收土壤中的水分和养分。根系长度越长,植物能够占有的土壤体积越大,从而增强水分和养分的吸收能力。根系发达的植物通常表现出更强的生长势和更高的生存率。在植生混凝土的应用中,根系长度的增长可以直接反映植物在该基质中获取水分和养分的能力。

图 8.7 为植生混凝土的根系长度随生长时间的变化情况。由图可知第 0 天时根系长度为 0 cm,植物尚处于萌芽阶段。在第 7 天,根系长度为 0.5 cm,表明根系开始发育。到第 14 天,根系长度达 2.2 cm,显示出根系的快速生长。最终,在第 28 天,根系长度达 5.3 cm,表明植物根系在植生混凝土中得到了良好的发展。植生混凝土不仅支持了植物的地上部分生长,同时也促进了根系的扎根和扩展。这些结果表明,植生混凝土为植物的生长提供了良好的环境,促进了其发芽、茎叶生长和根系的发展,进一步验证了其在生态恢复中的应用潜力。通过结合发芽率和根系高度的变化,可以更全面地评估植生混凝土的有效性,为后续的生态修复研究提供重要的数据支持。

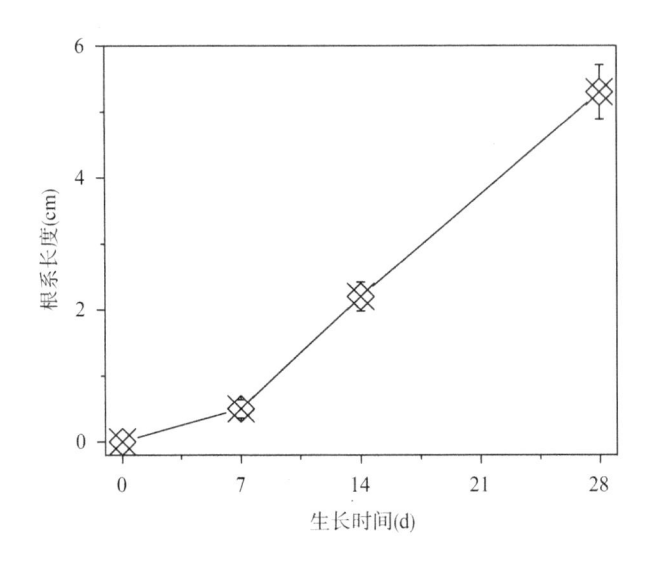

图 8.7 根系长度随生长时间的变化情况

8.4 小结

① 在选择适合植生混凝土的草种时,应遵循一定的优选原则,包括选型原则、植物种类的多样性原则、生态型的合理搭配原则和发芽时间的一致性原则。选择适应坡面生长的植物,尤其是根系发达、耐旱耐寒的草种,可以有效降低土壤侵蚀风险,促进生态系统的健康发展。

② 植生混凝土为植物的生长提供了良好的环境。在播种后仅 4 天,植物便开始发芽,第 28 天时的发芽率达 87.8%。这一结果表明,植生混凝土的特殊组成材料,如红壤土、普通硅酸盐水泥、锯末和酒糟等,成功创造了适宜的微环境,促进了种子的吸水和氧气透过,保证了发芽过程。

③ 植物高度、发芽率和根系长度是评价植物生长性能的关键指标。本章研究中植物高度在第 28 天达 3.3 cm,根系长度则增长至 5.3 cm,显示出植物在植生混凝土中良好的生长势。根系长度的增加直接反映了植物对水分和养分的吸收能力,表明植生混凝土能够有效促进根系的扎根和扩展。

第九章

结论

本书分析了矿山生态修复理念和生态修复模式，开展矿山边坡绿色生态环境修复新型植生混凝土技术研究，得出的主要结论如下。

① 分析了矿山生态环境破坏的模式，指出矿山开采过程中的植被破坏、土壤侵蚀和水体污染等现象导致生态系统的严重失衡。探讨了矿山生态修复管理的重要性，强调科学规划与综合治理的必要性，以确保修复工作的有效性和可持续性。

② 介绍了矿山生态修复技术的多样性，包括植生混凝土的应用、土壤改良技术和生物工程措施等，明确了矿山生态修复的质量要求，强调修复效果的评估、植被生长监测和土壤质量验证等关键环节。

③ 探讨了矿山边坡生态修复的多种常见措施，包括植物种植、土壤改良和水土保持等方法。同时，分析了矿山边坡生态修复的研究现状，指出当前在技术应用和理论研究方面的不足，特别是在新型材料的开发与应用上。重点介绍了新型植生混凝土技术的特点。对植生混凝土的基材组分及其功能、原材料类型、配合比设计原则及设计组成等进行研究分析。

④ 三种保水材料在纯水中的吸水能力不同，聚丙烯酸盐型材料的吸水倍数最高，原因为其独特的化学结构和三维交联网络，能够有效捕捉和保持水分。植生混凝土的团聚颗粒主要分布在2～5 mm范围内，保水材料有效促进了团聚体的形成，增强了混凝土的结构稳定性，并且，保水能力与团聚特性具有相关性。

⑤ 植生混凝土在不同龄期的有效磷、硝态氮、速效钾、有机质等释放特性表现为"快速上升—显著下降—逐渐平稳"的趋势。植生混凝土在养护初期具有显著的养分释放能力，随着时间推移，有机质含量逐渐下降。

⑥ 未采用降碱处理的植生混凝土 pH 高达 11.24，表明其具有强碱性。添加硫酸铝、腐殖酸、绿矾和过磷酸钙等降碱材料后，pH 显著降低至 7.19～7.46，显示出良好的降碱效果。不同降碱材料在初始阶段能有效中和 OH^-，从而降低体系碱性，硫酸铝和腐殖酸的降碱能力优于绿矾和过磷酸钙。硫酸铝和腐殖酸能够有效抑制 OH^- 浓度的快速上升，pH 分别为 8.40 和 8.62，而绿矾和过磷酸钙的降碱效果较弱。

⑦ 植生混凝土的抗压强度随龄期的增加而逐步提高，呈现出典型的水泥基材料强度增长特性。早期强度增长较快，主要源于水泥的水化反应生成的 C-S-H 凝胶和 $Ca(OH)_2$，后期增长趋缓，表明水泥水化反应逐渐进入稳定阶段。不同水泥用量下，植生混凝土的抗压强度逐渐提高，但随着水泥用量增加，强度提升的边际效益逐渐递减，需平衡水泥用量与生态功能。

⑧ 植生混凝土的抗剪强度随着正应力的增加而显著提高,表现出典型的摩尔-库仑剪切破坏特性。当正应力分别为 50、100、150 和 200 kPa 时,抗剪强度呈线性增长趋势,表明颗粒间的摩擦阻力和黏聚力综合效果逐渐增强,主要由于颗粒结构的压实和孔隙率降低,增加了接触面积和摩擦力。

⑨ 在直剪试验中,不同正应力下的抗剪强度误差值随着正应力的增加而增大,可能与植生混凝土内部颗粒结构的微观变化有关。高正应力下,孔隙压实效应显著,导致试验数据的离散性增加。这一现象强调了在高应力条件下,材料内部微观结构的变化可能会影响整体抗剪强度的可靠性。

⑩ 植生混凝土的黏聚力随着龄期的增长逐渐增强。试验显示,从 1 d 到 7 d,黏聚力增幅约为 35.5%,主要归因于水泥水化反应的活跃。水化产物的生成增强了混凝土的黏结性能,随着龄期延长,黏聚力的增加受到植物根系生长的影响,体现了生态与工程的结合。

⑪ 在植生混凝土的早期龄期,其黏聚力主要依赖水泥的水化反应。随着时间推移至第 7 天,植物根系开始发芽并逐渐生长,影响混凝土的结构,提供物理加固效应。此时的黏聚力增长不仅是水化反应的结果,还受到植物根系的积极影响,体现出生态与工程的相互作用。

⑫ 植生混凝土的内摩擦角在早龄期显著增加,主要由于水泥水化反应生成的水化产物 C-S-H 凝胶。试验结果表明,龄期从 1 d 到 7 d,内摩擦角增幅约为 70.8%,随着 C-S-H 结构的形成,颗粒间的接触面积和摩擦力显著增强,为提高抗剪强度提供了重要支持。

⑬ 植生混凝土在不同吸水率条件下的崩解行为显示出显著的阶段性特征。在前 10 min 内崩解量迅速增加,表明水分渗透对表层和浅层结构造成剧烈扰动。随着时间推移,崩解速率逐渐减缓并趋于平衡,反映出混凝土内部结构逐步适应水分侵入,表现出更为稳定的状态。

⑭ 在不同吸水率条件下,植生混凝土的崩解量存在显著差异。试验前期,各组试件崩解量接近,表明吸水率影响尚不明显。随着时间推移,25% 吸水率的混凝土崩解量最高,显示其抗崩解性能较弱,而 10% 吸水率的植生混凝土表现出更强的抗崩解能力,说明适中的吸水率能增强混凝土稳定性。

⑮ 随着含水率增加,植生混凝土的崩解速率逐渐加快。在 10% 含水率条件下,崩解速率最低;在 25% 含水率条件下,崩解速率最高,显示含水率对崩解速率有显著线性影响。水分迅速渗透混凝土表层,导致高崩解速率,含水率增加会降低混凝土的整体强度和稳定性,进而加剧崩解现象。

⑯ 植生混凝土抗冲刷性能随着龄期增加显著提升,1 d时冲刷质量损失率为18.6%,28 d时降至5.81%。这一变化与水泥水化过程密切相关,早期水化反应未完全,致密度和强度较低。龄期延长后,水化产物增加,提高了混凝土的致密性、强度和抗冲刷性能,增强了长期稳定性。

⑰ 水泥水化过程在植生混凝土的抗冲刷性能中至关重要。早期阶段,水化反应未完全,水化产物不足,导致混凝土强度低、抗冲刷能力有限。随着龄期增加,水化反应完成,生成更多水化产物[如$Ca(OH)_2$],提高了混凝土的致密性和内聚力,增强了抵御外力的能力,强调了水泥品质和水化过程的重要性。

⑱ 植生混凝土为植物的生长提供了良好的环境。在播种后仅4 d,植物便开始发芽,在第28天时发芽率达87.8%。这一结果表明,植生混凝土的特殊组成材料,如红壤土、普通硅酸盐水泥、锯末和酒糟等,成功创造了适宜的微环境,促进了种子的吸水和氧气透过,保证了发芽过程。

⑲ 植物高度、发芽率和根系长度是评价植物生长性能的关键指标。研究发现植物高度在第28天时达3.3 cm,根系高度则增长至5.3 cm,显示出植物在植生混凝土中良好的生长势。根系长度的增加直接反映了植物对水分和养分的吸收能力,表明植生混凝土能够有效促进根系的扎根和扩展。

参考文献

[1] 卞正富,雷少刚,王楠.生态文明背景下的矿山生态修复模式[J].中国土地,2023(11):4-8.

[2] 陈震,岳正波.基于EOD理念的"市场+"矿山生态修复治理模式研究——以安徽省为例[J].中国非金属矿工业导刊,2023(4):64-68.

[3] 李进宝,柴丽娜,李保保,等.新时期矿山生态修复理论浅析[J].地矿测绘,2021,4(1):89-90.

[4] Ashraf M W, Khan A, Tu Y, et al. Predicting mechanical properties of sustainable green concrete using novel machine learning: Stacking and gene expression programming[J]. Reviews on Advanced Materials Science, 2024, 63(1): 470-475.

[5] 郭媛媛,于宝源.彭苏萍院士:煤炭绿色转型与矿山生态修复是迈向碳中和的中坚[J].环境保护,2022,50(13):35-37.

[6] 毕银丽,罗睿,柯增鸣,等.接菌对根土复合体抗剪拉作用机理及其矿山生态修复潜力[J].煤炭科学技术,2023,51(1):493-501.

[7] Beceiro P, Brito R S, Galvao A. Assessment of the contribution of Nature-Based Solutions (NBS) to urban resilience: application to the case study of Porto[J]. Ecological Engineering, 2022(175):106489.

[8] 万佳俊,夏银枫,邵勇,等.长江沿线废弃露天矿山生态修复模式研究[J].高校地质学报,2024,30(1):110-117.

[9] 张进德,郗富瑞.我国废弃矿山生态修复研究[J].生态学报,2020,40(21):7921-7930.

[10] 李超凡,尹岩,郗凤明,等.碳中和背景下矿山生态修复的文献计量分析[J].土壤通报,2023,54(4):955-965.

[11] 朱晓勇,胡国长.花岗岩露天关闭矿山生态修复技术应用[J].地质与勘探,2022,58(1):168-175.

[12] 王佩,陈鹏飞,周盼,等.基于层次分析法的废弃矿山生态修复模式评价模型构建[J].中国非金属矿工业导刊,2024(2):76-79.

[13] 邱慧玲.广东省矿山生态修复成效评价[J].矿山工程,2023,11(4):475-483.

[14] 闫石,孟祥芳,马妍,等.矿山生态修复成效评估[J].洁净煤技术,2023,29(S2):593-599.

[15] 李树志,李学良,尹大伟.碳中和背景下煤炭矿山生态修复的几个基本问题[J].煤炭科学技术,2022,50(1):286-292.

[16] 孙晓玲,余振国,陈晶.以成效评价引导矿山生态修复理念提升[J].中国矿业,2020,29(10):66-72.

[17] Zhenqi H, Peijun W, Jing L. Ecological Restoration of Abandoned Mine Land in China[J]. Journal of Resources and Ecology, 2012, 3(4):289-296.

[18] 陈安,杨晓东,徐晨罡.长江三峡地区露天矿山生态修复治理对策——以湖北省宜昌市为例[J].环境保护科学,2023,49(6):128-133.

[19] 卢誉之,陈银萍,曹渤,等.矿山生态修复技术体系构建[J].环境保护科学,2023,49(5):41-50.

[20] Courtney R. Mine tailings composition in a historic site: implications for ecological restoration[J]. Environmental Geochemistry and Health, 2013, 35(1):79-88.

[21] 邵泽强,刘书奇,陆文龙,等.基于Citespace的矿山生态修复的文献计量分析[J].环境工程,2023,41(S2):707-711.

[22] 周伟山.历史遗留矿山生态修复模式及效益评价探讨[J].云南冶金,2024,53(3):1-4.

[23] 本刊评论员.推进土地复垦和矿山生态修复 助力美丽中国建设[J].中国土地,2023(11):1-1.

[24] 马迅,张爱伟,黄磊,等."双碳"目标下矿山生态修复减排增汇措施研究[J].中国煤炭,2023,49(6):109-115.

[25] 艾婷,李志伟.多专业融合视角下矿山生态修复重建实践探索[J].中国煤炭,2023,49(S1):29-35.

[26] Singh A N, Singh J S. Experiments on ecological restoration of coal mine spoil using native trees in a dry tropical environment, India: a synthesis[J]. New Forests, 2006, 31(1):25-39

[27] Duxson P, Provis J L, Lukey G C, et al. The role of inorganic polymer technology in the development of 'green concrete'[J]. Cement and Concrete Research, 2007, 37(12):1590-1597.

[28] Hameed M S, Sekar A S S. Properties of green concrete containing quarry rock dust and marble sludge powder as fine aggregate[J]. Journal of Engineering and Applied Sciences, 2009, 4(4):1819-6608.

[29] Le L B N, Stroeven P. Strength and durability evaluation by DEM approach of green concrete based on gap-graded cement blending[J]. Advanced Materials Research, 2012(450-451):631-640.

[30] 刘荣桂,万炜,陆春华,等.现浇护堤植生型生态混凝土耐久性的试验研究[J].工业建筑,2005(S1):668-672.

[31] 钟文乐,李政启,朱慈勉,等.无砂多孔生态混凝土力学和植生性能试验研究[J].混凝土,2012(6):131-135.

[32] 杨久俊,严亮,韩静宜.植生性再生混凝土的制备及研究[J].混凝土,2009(9):119-122.

[33] 黄剑鹏.适于南方城市河道的护砌植生混凝土研制及性能研究[D].广州:华南理工大学,2011.

[34] 夏栋,许文年,赵娟,等.植被混凝土护坡基材pH、有机质及其与速效养分的相关性分析[J].水土保持研究,2010,17(6):224-227.

[35] 许文年.植被混凝土生态防护技术理论与实践[M].北京:中国水利水电出版社,2012.

[36] 夏振尧,许文年,王乐华.植被混凝土生态护坡基材初期强度特性研究[J].岩土力学,2011(6):1719-1724.

[37] 王稷,陈芳清,唐彪,等.两种草本植物光合生理与生化特性对植被混凝土水泥含量的响应[J].应用与环境生物学报,2020,26(1):25-30.

[38] 谢涛,徐小军,许文年,等.植被混凝土技术在无锡市雪浪山B标复绿工程中的应用[J].水土保持研究,2007,14(2):59-61.

[39] 杨永民,赵洪,张君禄.植被混凝土在水利边坡工程中的研究进展和应用现状[J].广东建材,2014,30(3):9-12.

[40] 王军,王冬梅,王晓英,等.岩质边坡植被混凝土生态防护技术的应用[J].湖南农业科学,2011(8):143-145.

[41] 熊诗源,许文年,夏栋.植被混凝土盐分胁迫对多花木蓝种子萌发的影响[J].中国水土保持,2010(6):35-38.

[42] 唐欣,向佐湘,倪海满,等.植被混凝土在采石场生态恢复中的应用[J].草业科学,2011,28(1):74-76.

[43] 马朋坤,李富平,韩新开,等.以铁尾矿为基础材料的植被混凝土基质研究[J].环境科学与技术,2015,38(11):110-114.

[44] 莫显勇,金波,李石稳.植被混凝土生态护坡技术在岩质边坡中的应用[J].山西建筑,2010,36(15):273-274.

[45] 周明涛,胡欢.冻融作用对植被混凝土抗剪强度的影响[J].中国水土保持科学,2014,12(2):87-91.

[46] 刘大翔,李少丽,许文年,等.植被混凝土有机质类型与配比的合理选取[J].水利水电科技进展,2012,32(4):37-40.

[47] 吴彬,夏振尧,赵娟,等.植被混凝土基材微生物活性对不同水泥含量的响应[J].水土保持通报,2014,34(3):6-9.

[48] 袁国栋.钢筋混凝土框格喷射植被混凝土护坡绿化技术[J].水利水电技术,2005,36(8):61-63.

[49] 王立,傅生杰,马放,等.丛枝菌根真菌对植被混凝土植物早熟禾的影响[J].哈尔滨工

业大学学报,2014,46(2):44-48+97.

[50] 瞿红云,贾国梅,向瀚宇,等.植被混凝土边坡修复基质易氧化有机碳组分季节动态[J].水土保持研究,2019,26(5):28-33.

[51] 刘伟.寒区植被混凝土组成材料的选取及性能[J].交通科技与经济,2014,16(2):93-95.

[52] 周明涛,童温亮,章涵,等.基于GAWOA-XGBoost改进模型的植被混凝土生境基材配合比研究[J].土木工程学报,2024(5):1-13.

[53] 童标,刘大翔,许文年,等.冻融循环对植被混凝土养分及其固持能力的影响[J].人民长江,2018,49(3):87-92.

[54] 刘巍.植被混凝土在水利边坡工程中的研究进展和应用现状[J].民营科技,2016(4):191.

[55] 杨钊,周云艳,王晓梅.改性植被混凝土基材力学与植生试验研究[J].安全与环境工程,2022,29(1):225-233.

[56] 甄自强,宋为威.植被型混凝土护坡技术研究与展望[J].水科学与工程技术,2015(4):64-67.

[57] 郗红超,夏冬,李富平,等.秸秆纤维型植被混凝土边坡防护基材初期抗剪强度试验研究[J].金属矿山,2019(4):154-162.

[58] 许阳,陈芳清,金章利,等.水电站植被混凝土边坡生态防护工程基材土壤肥力隔年变化分析[J].水利水电技术,2012,43(11):47-50.

[59] 熊丹伟,陈芳清,谭向前,等.实验条件下紫羊茅种群植被混凝土的固土护坡性能[J].山地学报,2021,39(2):207-217.

[60] 王宇,许文年,黄建乐.植被混凝土生态护坡肥力差异性试验[J].武汉大学学报:工学版,2010,43(6):711-713+718.

[61] 李晓东,李可,翁殊斐.多孔混凝土植被砖植生试验与降碱、降盐研究[J].新型建筑材料,2017,44(1):49-51+56.

[62] 宋建伟,刘硕,袁运许,等.铁尾矿植被混凝土配制及其植物适宜性研究[J].金属矿山,2021(8):170-177.

[63] 李义强,李智,赵斌,等.多孔质混凝土植被恢复组合结构与材料性能研究[J].材料导报,2020,34(S1):199-202.

[64] 胡俊涛,张细香,曾斌,等.植被生态混凝土技术进展及其在矿山固废处置中的应用探索[J].化工矿物与加工,2022,51(10):45-50.

[65] 刘高鹏,王俊,朱晓鹏,等.神华神东电力重庆万州电厂边坡植被混凝土生态防护模式[J].价值工程,2015,34(36):119-121.

[66] 程虎,许文年,罗婷,等.基于植被混凝土的不同优势物种根际土壤养分及微生物量化学计量特征差异[J].长江科学院院报,2020,37(6):55-61.

[67] 杨正启,廖春林.高原高寒地区CBS植被混凝土生态护坡施工技术研究[J].人民珠江,2023,44(S2):332-337.

[68] 张洋,郭士维,舒倩,等.丛枝菌根真菌对植被混凝土中黄花决明生长和抗旱性的影响[J].三峡大学学报:自然科学版,2023,45(3):101-107.

[69] 冯小朋.浙南强降雨地区边坡植被混凝土防护基材耐久性能试验研究[J].建筑技术开发,2023,50(5):88-90.

[70] 马佳鑫,夏栋,艾尚进,等.植被混凝土边坡土壤团聚体的稳定性与可蚀性[J].湖南农业大学学报(自然科学版),2023,49(6):702-707.

[71] 王强,景东红.植被混凝土生态修复技术在高陡边坡中的应用[J].海河水利,2023(7):11-13.

[72] 傅圣涛,闫云,梁玉红.用于矿山边坡生态修复的植被混凝土技术研究[J].中国金属通报,2023(1):234-236.

[73] 程强.植被混凝土技术在高陡边坡生态修复中的应用——以焦作某矿山地质环境恢复治理工程为例[J].化工矿产地质,2023(4):334-340.

[74] 冯小朋.基于浙南地域材料的植被混凝土基材力学性能试验研究[J].中国水运:下半月,2023,23(4):128-130.

[75] 李明.植被混凝土在水利工程明渠生态护坡中的应用[J].建筑工程技术与设计,2024(8):117-120.

[76] 彭逗逗,许亚坤,杨嘉椠,等.不同磷石膏掺量对植被混凝土基材肥力和狗牙根生长的影响研究[J].三峡大学学报(自然科学版),2022,44(1):60-66.

[77] 薛顾.植被混凝土护坡技术在矿山边坡生态修复中应用研究[J].中华建设,2022(20):129-131.

[78] 元德壬,龙晨杰,肖琦.CBS植被混凝土在河百高速公路石方边坡绿化中的应用[J].西部交通科技,2022(8):36-38.

[79] 肖海,朱志恩,李紫娟,等.酸性条件下干湿循环对黄棕壤崩解性能的影响[J].中国水土保持科学,2023,21(2):10-16.

[80] 蒋定生,李新华,范兴科,等.黄土高原土壤崩解速率变化规律及影响因素研究[J].水土保持通报,1995,15(3):20-27.

[81] 李家春,崔世富,田伟平.公路边坡降雨侵蚀特征及土的崩解试验[J].长安大学学报:自然科学版,2007,27(1):23-26+49.

[82] 唐军,余沛,魏厚振,等.贵州玄武岩残积土崩解特性试验研究[J].工程地质学报,2011,19(5):778-783.

[83] 王桂尧,周欢,夏旖琪,等.草类根系对坡面土强度及崩解特性的影响试验[J].中国公路学报,2018,31(2):234-241.

[84] 田巍巍.边坡软岩崩解特性试验研究[J].东北水利水电,2018,36(8):39-41+72.

[85] 陈立宏,陈祖煜,刘金梅.土体抗剪强度指标的概率分布类型研究[J].岩土力学,2005,26(1):37-40+45.

[86] 杨庆,贺洁,栾茂田.非饱和红粘土和膨胀土抗剪强度的比较研究[J].岩土力学,2003,24(1):13-16.

[87] 杨永红,王成华,刘淑珍,等.不同植被类型根系提高浅层滑坡土体抗剪强度的试验研究[J].水土保持研究,2007(2):233-235.

[88] 毕庆涛,姜国萍,丁树云.含水量对红粘土抗剪强度的影响[J].地球与环境,2005(S1):144-147.

[89] 杨和平,王兴正,肖杰,等.干湿循环效应对南宁外环膨胀土抗剪强度的影响[J].岩土工程学报,2014,36(5):949-954.

[90] 蒋德松,陈昌富,赵明华,等.岩质边坡植被抗冲刷现场试验研究[J].中南公路工程,2004,29(1):55-58.

[91] 卢浩,晏长根,杨晓华,等.麦秆纤维加筋土对黄土边坡抗冲刷的试验研究[J].合肥工业大学学报(自然科学版),2016,39(12):1671-1675.

[92] 刘荣桂,吴智仁,陆春华,等.护堤植生型生态混凝土性能指标及耐久性概述[J].混凝土,2005(2):16-19+28.

[93] 詹镇峰,李从波.植生混凝土的研究与应用述评[J].广东水利水电,2007(3):57-58+65.

[94] 王俊岭,王雪明,冯萃敏,等.植生混凝土的研究进展[J].硅酸盐通报,2015,34(7):1915-1920.

[95] 于鹏飞.植生混凝土河道护坡截表层土反滤特性研究[J].水科学与工程技术,2018(6):43-46.

[96] 张贵.生态多孔混凝土孔隙结构与植被生长规律的结构相容性研究[D].长沙:中南林业科技大学,2018.

[97] 刘振忠,段荣丰,王明,等.外掺磷石膏改性植被混凝土护坡植生性能研究[J].人民长江,2024(10):239-245.

[98] 汪菊,王铭明,李连强,等.基于28 d龄期的植生混凝土初期抗压强度特性研究[J].水力发电,2023,49(1):106-110.

[99] 黄文杰,焦楚杰,彭兰,等.植生混凝土的制备工艺与物种选择[J].新型建筑材料,2019,46(11):37-41.

[100] 杨钊,王晓梅,周云艳.改性植被混凝土基材力学与植生试验研究[J].安全与环境工程,2022,29(1):225-233.

[101] 张红伟,张红梅,郑祖平.不同杂种优势类群玉米幼胚愈伤组织的诱导及植株再生特性的评价[J].植物遗传资源学报,2004,5(2):117-122.

[102] 申俊杰,王秀荣,黄补芳,等.不同园林植物与大灰藓混种对植株生长生理特性及养分

吸收的影响[J].植物营养与肥料学报,2024,30(2):354-374.

[103] 马祎,王彩云.几种引进冷季型草坪草的生长及抗旱生理指标[J].草业科学,2001,18(2):57-61.

[104] 熊燕梅,夏汉平,李志安,等.植物根系固坡抗蚀的效应与机理研究进展[J].应用生态学报,2007,18(4):895-904.

[105] 张超波,蒋静,陈丽华.植物根系固土力学机制模型[J].中国农学通报,2012,28(31):1-6.

[106] 付江涛,李晓康,刘昌义,等.基于统计理论的青海河南县地区5种草本植物根系力学特性研究[J].工程地质学报,2020,28(6):1147-1159.

[107] 李煜,赵国红,尹峰,等.岩质边坡覆绿植物的根系形态变化特征及影响因子研究[J].湖南师范大学自然科学学报,2020,43(2):45-52.

[108] 张俊云,李绍才,周德培,等.岩石边坡植被护坡技术(3)-厚层基材喷射植被护坡设计及施工[J].路基工程,2000(6):1-3.

[109] 陈守辉,孙旭敏,满毅.高陡岩石边坡加固与复绿综合防护施工技术[J].广东土木与建筑,2011,18(1):13-16.

[110] 王振宇.焦作市区北部灰岩矿岩石边坡复绿方法探讨[J].水土保持应用技术,2013(6):15-16.

[111] 黎曦.我国岩质边坡植被修复与水土保持应用进展[J].南方农业,2021,15(6):208-209.